Klaus Fisch

Selbst
Solaranlagen, Photovoltaik und Wärmepumpen einbauen

Compact Verlag

© 1994 Compact Verlag München
Nachdruck, auch auszugsweise,
nur mit ausdrücklicher Genehmigung
des Verlages gestattet.
Alle Anleitungen wurden
sorgfältig erprobt – eine
Haftung kann dennoch
nicht übernommen werden.
Umschlaggestaltung: Inga Koch
Redaktion: Thomas Kroher, Friedhelm Schrodt
Printed in Germany
ISBN 3-8174-2258-X
2222581

Vorwort

Ein Wort zuvor

Selbermachen – ein Hobby, das heute für Millionen zur sinnvollen Freizeitbeschäftigung geworden ist. Ob es sich nun um die gemietete Altbauwohnung oder um die eigenen vier Wände handelt, mit etwas Geschick und einer fachmännischen Anleitung lassen sich oft verblüffende und ansprechende Ergebnisse erzielen: bei kleineren Reparaturen, beim Renovieren und Verschönern und beim Um- und Ausbauen. Und Selbermachen bringt Spaß. Freude an der eigenen Arbeit, deren Ergebnis man Tag für Tag sehen und »bewundern« kann; es spart Geld, mit dem sich langgehegte Wünsche erfüllen lassen, und es macht unabhängig von Handwerkern, auf die man wochenlang und schließlich vergeblich gewartet hat.

Fachgeschäfte, Heimwerker- und Baumärkte versorgen den Hobby-Handwerker mit allen Werkzeugen und Materialien, die er braucht. Doch richtiges Werkzeug und Begeisterung allein reichen nicht aus. Unerläßlich sind eine gründliche Vorbereitung und Fachkenntnisse, wie eine Arbeit durchzuführen und was dabei zu beachten ist.

COMPACT PRAXIS **Selbst Solaranlagen, Photovoltaik und Wärmepumpen einbauen** zeigt, wie man's macht. Mit wertvollen Tips und Tricks, die sich in der Praxis tausendfach bewährt haben. Jeder Arbeitsgang wird ausführlich Schritt für Schritt gezeigt und in Bild und Text erläutert. Übersichtliche Symbole zeigen auf einen Blick, mit welchem Schwierigkeitsgrad, welchem Kraft- und Zeitaufwand Sie bei jedem Arbeitsgang rechnen müssen, welche Werkzeuge Sie brauchen und wieviel Geld Sie durch Ihre eigene Arbeit einsparen können.

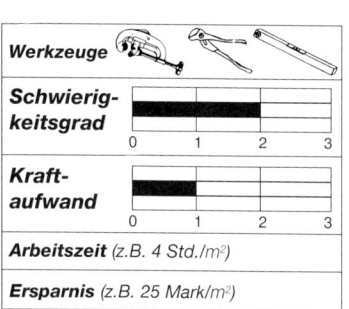

Und so stufen Sie sich auch richtig ein:

Schwierigkeitsgrad 1 – Arbeiten, die selbst der Ungeübte ausführen kann. Es ist nur geringes handwerkliches Geschick erforderlich.

Schwierigkeitsgrad 2 – Arbeiten, die einige Übung im Umgang mit Werkzeug und Material erfordern. Es ist handwerklich durchschnittliches Geschick notwendig.

Schwierigkeitsgrad 3 – Arbeiten, die fachmännische Übung erfordern. Überdurchschnittliches Geschick ist erforderlich.

Kraftaufwand 1 – leichte, einfache Arbeit, die jeder bequem erledigen kann.

Kraftaufwand 2 – Arbeiten, die eine gewisse körperliche Kraft voraussetzen.

Kraftaufwand 3 – Arbeiten für kräftige Heimwerker, die keine »Knochenarbeit« scheuen.

Inhalt

Inhaltsverzeichnis

Fachkunde
Sonnenenergie – kostenlos, schadstoffrei, unbegenzt 6
Warmwasserbereitung durch Sonnenkollektoren 9
Anlagenvarianten für Warmwassersolaranlagen 12
Funktionsweise von Wärmepumpen 14
Prinzipien der Photovoltaik 16

Materialkunde
Sonnenkollektoren 18
Solarspeicher 21
Wärmetauscher 23
Komponenten zur Dachmontage 24
Sicherheits- und Steuereinrichtungen für Warmwassersolaranlagen 26
Rohre und Fittings 31
Solarmodule für Photovoltaikanlagen 34
Solarladeregler 35
Solarakkus 37
Energiesparverbraucher 38
Elektroinstallationsmaterial für Photovoltaikanlagen 39

Inhalt

Werkzeugkunde   40

Grundkurse
Rohre einspannen   42
Kupferrohre ablängen und verlöten   43
Rohrverbindungen herstellen   48
Rohrleitungen legen   52
Isoliermaterialien bearbeiten   54
Elektroinstallationen ausführen   58
Holzverbindungen herstellen   62

Arbeitsanleitungen
Selbstbau eines Solarkollektors   64
Indachmontage eines Solarkollektors   74
Einbau des Temperaturdifferenzreglers   79
Befüllen der Brauchwassersolaranlage   84
Aufbau einer Gartenbeleuchtung auf Photovoltaikbasis   90

Abbildungsverzeichnis   96

Fachkunde: Sonnenenergie

Sonnenenergie – kostenlos, schadstoffrei, unbegrenzt

Wirkung des Treibhausgases CO_2

bei normaler CO_2-Konzentration

bei erhöhter CO_2-Konzentration

Erwärmung der Erdatmosphäre

Die Sonne ist seit jeher der entscheidende **Energielieferant** für unseren Planeten. Ihr verdanken wir nicht nur die Entstehung des Lebens überhaupt, sondern sie ist auch weiterhin der treibende Motor für jegliche Existenz. In der Natur nützen die Pflanzen die Kraft der einstrahlenden Sonnenenergie, um sie in Form der **Photosynthese** in biologische Energie umzusetzen, und auch die technisierte Welt greift letztlich auf vor Jahrmillionen gespeicherte Sonnenenergie zurück, wenn sie fossile Brennstoffe wie Erdöl, Erdgas oder Kohle zum Antrieb von Maschinen und zur Herstellung von Strom und Wärme nutzt.

Gerade die Nutzung dieser gespeicherten Sonnenenergie gerät in letzter Zeit aber immer mehr in Kritik, da die Freisetzung des darin eingeschlossenen CO_2 zu einer gefährlichen Anreicherung in der Atmosphäre führt, die den sogenannten Treibhauseffekt nach sich zieht. Dabei handelt es sich um die gefährliche Erwärmung der Erdatmosphäre, die zur **Veränderung des Klimas** führen kann und damit eine Katastrophe für das gesamte Ökosystem unseres Planeten bedeuten würde. Zustande kommt diese Erwärmung dadurch, daß bei

Fachkunde: Sonnenenergie

einer erhöhten CO_2-Konzentration die kurzwellige Energiestrahlung der Sonne zwar weiterhin ungehindert auf unseren Planeten auftrifft, die dann entstehende langwellige Wärmestrahlung aber die Kohlendioxydschicht nicht mehr durchdringen kann, so daß die natürliche Wärmeabstrahlung ins Weltall unterbleibt. Das bisher bestehende Gleichgewicht, das durch den Einschluß von großen Mengen CO_2 in fossile Lagerstätten – und damit durch Temperatursenkung auch indirekt in Eismassen und Dauerfrostböden – entstanden ist und das das Entstehen von Leben auf der Erde überhaupt erst ermöglichte, ist durch die Freisetzung des CO_2 bei der Verbrennung fossiler Stoffe gestört und führt zu einer **Erhöhung der Durchschnittstemperatur** mit ihren unberechenbaren Folgen.

Sinnvoller, als jene Sonnenkraft zu nutzen, die vor Jahrmillionen gespeichert wurde, erscheint deshalb, die **aktuelle Sonnenenergie** zu nutzen, die täglich auf unseren Planeten einstrahlt. Für Deutschland ist das Potential der Sonneneinstrahlung 80 mal größer als der Primärenergiebedarf. Darüber hinaus ist diese eingestrahlte Energie des Kernreaktors Sonne völlig

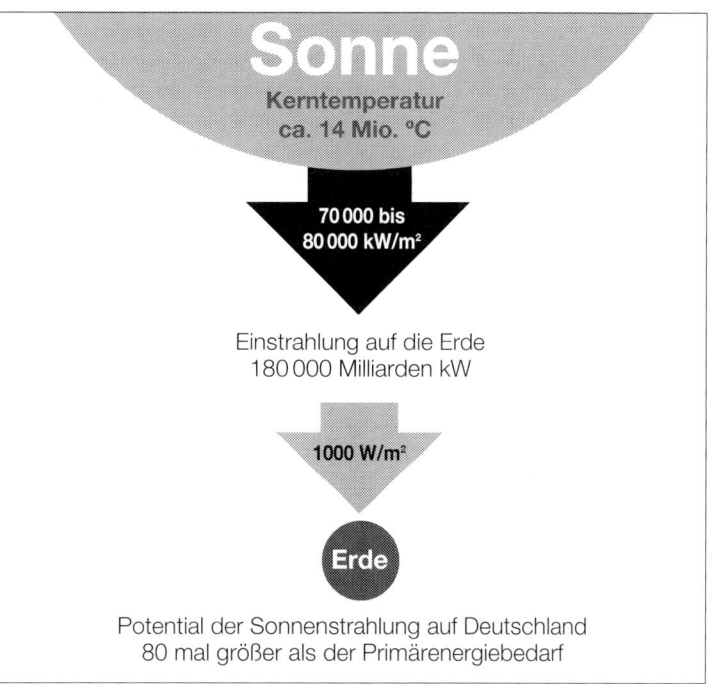

schadstoffrei, unerschöpflich und kostenlos – also die **ideale Energieform** für die Menschheit des 21. Jahrhunderts.

Wie Sie diese Energie nützen können, zeigt Ihnen an Hand verschiedener Möglichkeiten dieses Buch. Grundsätzlich ist anzumerken, daß gerade in der Warmwasserbereitung durch Sonnenenergie technische Probleme keinerlei Rolle mehr spielen. Dabei liegt der **Wirkungsgrad von Thermosolaranlagen** weit über dem, was durch herkömmliche Energieanlagen erreicht werden kann. Bezogen auf den Primärenergieverbrauch zeigt er einen Wirkungsgradfaktor von 20 und übertrifft dabei bei weitem selbst als besonders effizient geltende Anlagen wie Wärmepumpen oder mit Brennwerttechnik ausge-

Fachkunde: Sonnenenergie

stattete Energieerzeuger. Neben ihrer betriebswirtschaftlichen **Rentabilität** – sie amortisieren sich nach etwa 6 bis 8 Jahren bei einer Lebensdauer von weit über 20 Jahren – steht noch ihre hervorragende volkswirtschaftliche Rentabilität, da sie praktisch ohne jeden Schadstoffausstoß arbeiten. Nicht finanzielle oder technische Gründe sind es also, die zur Zeit den Bau von Thermosolaranlagen stagnieren lassen, sondern das schier unausrottbare **Vorurteil**, häufig auch von »Baufachleuten« wie Architekten, Bauingenieuren, Heizungsspezialisten etc. geäußert, daß sich Solaranlagen in Deutschland wegen zu geringer Sonneneinstrahlung nicht lohnen würden. Der Autor dieses Buches weiß aus eigener Erfahrung, wie schwierig es ist, die Vertreter dieses Vorurteils vom Gegenteil zu überzeugen. Das entscheidendste Argument ist meist letztlich eine Besichtigung der seit 6 Jahren ohne Störung funktionierenden Thermosolaranlage im eigenen Haus – mit abschließender Einladung zum Solar-Duschbad.

Auch die technische Realisierung von Photovoltaikanlagen zur Erzeugung von **Strom aus der Sonnenenergie** ist mit der neuen Generation von Solarzellen, die inzwischen einen akzeptablen Nutzungsgrad erreicht haben, und der verwendeten Speichertechnik für kleine und mittlere Anlagen unkompliziert. Für größere Anlagen ist der finanzielle Mehraufwand häufig der entscheidende Hinderungsgrund, sich für diese umweltfreundliche Energieform zu entscheiden. Sobald sich der Staat jedoch dazu entschließt, ähnlich wie bei der Kernenergie oder den fossilen Energieformen, die Solarstromerzeugung ebenfalls zu subventionieren, wird diese zukunftsträchtige Energieerzeugung zum Durchbruch kommen. Der große Bewerberansturm auf das »1000-Dächer-Programm« das Bund und Länder 1990 zur Förderung von Photovoltaikanlagen starteten, ist dafür ein eindrucksvolles Beispiel.

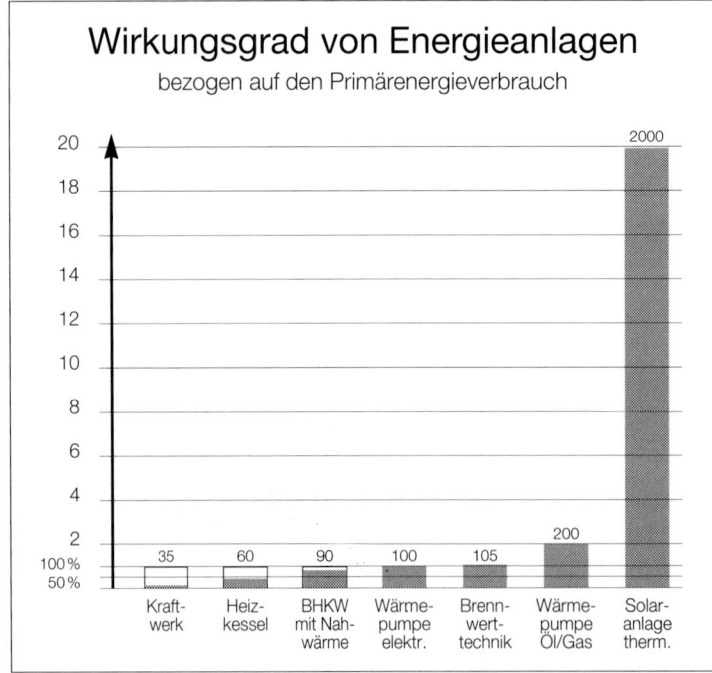

Fachkunde: Warmwasserbereitung

Warmwasserbereitung durch Sonnenkollektoren

Bei der Warmwasserbereitung in Sonnenkollektoranlagen durch Solarenergie werden in der Regel zwei Grundprinzipien genutzt, die jeder von uns selbst in der Praxis schon einmal – meist wohl eher unbewußt – wahrgenommen hat. Das eine Grundprinzip wird volkstümlich als »Gartenschlauchphänomen« bezeichnet und beinhaltet die Tatsache, daß das Wasser eines Gartenschlauchs, der an heißen Sommertagen in der Sonne liegt, sich so stark erwärmt, daß es beim Öffnen der Schlauchdüse dampfend heiß herausfließt.

1 Physikalisch gesehen handelt es sich um die **Absorption** (Aufnahme) der von der Sonne abgegebenen **Wärmestrahlung** durch die Oberfläche des Schlauches und um die Wärmeleitung der sich im Schlauchmaterial speichernden Wärme an das sich im Inneren befindliche Wasser. Diese Wärmeleitung hält solange an, bis die Temperaturdifferenz zwischen Schlauchmantel und Wasser ausgeglichen ist, also ein **thermisches Gleichgewicht** hergestellt wurde. Das Wasser ist dann genauso warm, wie die Außenseite des Gartenschlauchs.

2 Je dunkler die Färbung der Gartenschlauchoberfläche ist, um so höher ist die erreichbare Wassertemperatur. Das **Absorptionsvermögen,** also die Fähigkeit, Wärmestrahlung aufzunehmen, kann demnach durch dunkle Oberflächen gesteigert werden. Beim »Gartenschlauch« der Solaranlage, dem sogenannten Absorber, wird dieses Prinzip noch dadurch verstärkt, daß die dunkle Oberflächenbeschichtung so ausgewählt wird, daß zusätzlich die Emission, also die Abstrahlung von Wärme, in erheblichem Maße reduziert wird.

Eine weitere Temperaturerhöhung kann erzielt werden, wenn man das zweite Grundprinzip miteinbezieht, das als sogenannter Treibhauseffekt bekannt ist. Negativ

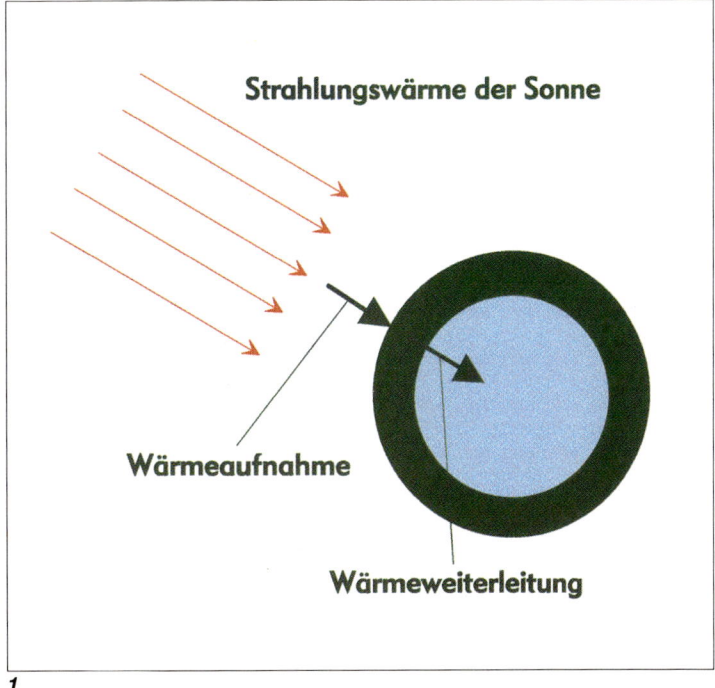

1

Fachkunde: Warmwasserbereitung

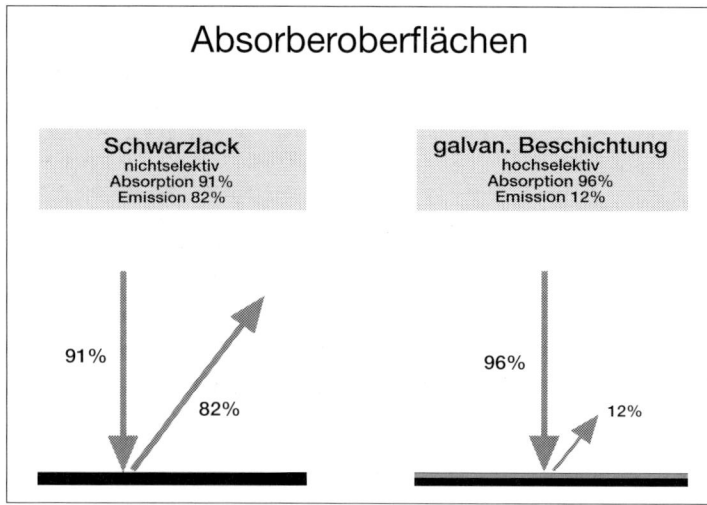

2

wird dieser in den Sommermonaten besonders von Autofahrern wahrgenommen, wenn sie ihr in der Sonne geparktes Auto öffnen und ihnen ein Hitzeschwall entgegenströmt.
Im positiven Sinn nützt jeder Hobbygärtner den Treibhauseffekt schon in der einfachsten Form des Treibhauses, im Frühbeet. Die höhere Temperatur, die im Frühbeet bereits in den Frühjahrsmonaten im Vergleich zur Außentemperatur besteht, fördert im erheblichen Ausmaß das Wachstum der eingesetzten Pflanzen.

Physikalisch gesehen handelt es sich beim Treibhauseffekt darum, daß der **Wärmetransport durch Konvektion** verhindert wird.
In Gasen wie auch in Flüssigkeiten spielt nämlich neben der reinen Wärmeleitung die **Konvektion** noch eine große Rolle beim Transport der Wärme. Wenn man einen mit Flüssigkeit gefüllten Behälter durch den Boden erwärmt, nimmt dort die Dichte der Flüssigkeit infolge der Temperatursteigerung ab. Infolge des Auftriebs steigt sie nach oben und durchmischt sich mit der darüber geschichteten Flüssigkeit.

Kältere Flüssigkeit sinkt zu Boden und wird dort wiederum erwärmt usf. Auch in Gasen findet nach dem gleichen Prinzip ein Wärmetransport statt.
Will man diesen Abtransport von Wärme für einen bestimmten Bereich verhindern, so muß eine Barriere geschaffen werden, die den Wärmestrom unterbricht. Die Abkühlung des menschlichen Körpers durch die Konvektion der umgebenden Luft wird beispielsweise durch Kleidung verhütet.
Ähnlich schützend wirkt der Glaskasten beim Frühbeet oder Gewächshaus. Durch Trennung der inneren von der äußeren Luftschicht verhindert er Wärmeverlust in Form von Konvektion, gestattet aber durch die **Transparenz** der verglasten Bereiche zusätzlich den Eintrag von Strahlungswärme. Der Wirkungsgrad hängt dabei von der Qualität des verwendeten Materials ab. Die besten Werte erzielen hochwärmedämmende Isoliergläser, bei denen eine Scheibeninnenseite mit einer hauchdünnen Edelmetallschicht überzogen ist. Die Schicht ist nicht zu sehen und vermindert auch die Wärmedurchlässigkeit für einfallende Strahlung kaum. Bei zweischeibigen Wärmeschutzisoliergläsern ist der Schei-

Fachkunde: Warmwasserbereitung

benzwischenraum außerdem auch noch mit einem speziellen Gas gefüllt, das eine sehr geringe Wärmeleitfähigkeit besitzt. Vergleicht man an Hand des k-Werts – er gibt an, welche Energiemenge zwischen dem Innen- und Außenbereich durch ein Material entweicht – die Wärmedämmeigenschaft eines einfachen Fensterglases (k-Wert 5,8) mit der einer zweischeibigen Wärmeschutzisolierverglasung (k-Wert 1,4), so erkennt man, daß bei optimalem Verglasungsmaterial der Wärmeverlust auf ein Viertel reduziert werden kann. So wichtig die positiven Dämmeigenschaften von Wärmeisolierglas im Sonnenkollektorbereich auch sind, so besitzt es dennoch einen Nachteil und das ist der hohe Anschaffungspreis. In der Praxis wird man deshalb unter Abwägung von Kosten und Nutzen eine **Kompromißlösung** anstreben müssen.

Verbindet man nun das Gartenschlauchphänomen mit dem Treibhauseffekt, so ist die **Grundlage** geschaffen, auf der die meisten heute angebotenen Wärmekollektoren zur Brauchwassererwärmung aufbauen.

Im Prinzip wird immer eine Wärmeträgerflüssigkeit durch einen Absorber geleitet, auf den die Strahlungsenergie der Sonne einwirkt und der zusätzlich in einem isolierten Glaskasten vor Wärmeverlust durch Konvektion geschützt ist.

3 Die einfachste Form einer Kollektorsolaranlage ist in einer **Schwerkraftanlage** zu verwirklichen. Das Wasser im Sonnenkollektor wird erwärmt, steigt dadurch nach oben und fließt in einen erhöht aufgestellten Wasserspeicher. Gleichzeitig fließt kaltes Wasser aus dem unteren Bereich des Speichers in den Kollektor nach, wo es wiederum erwärmt wird. Mit einem Wärmetauscher kann die im Speicher dadurch entstehende Wärme für das Brauchwasser genutzt werden.

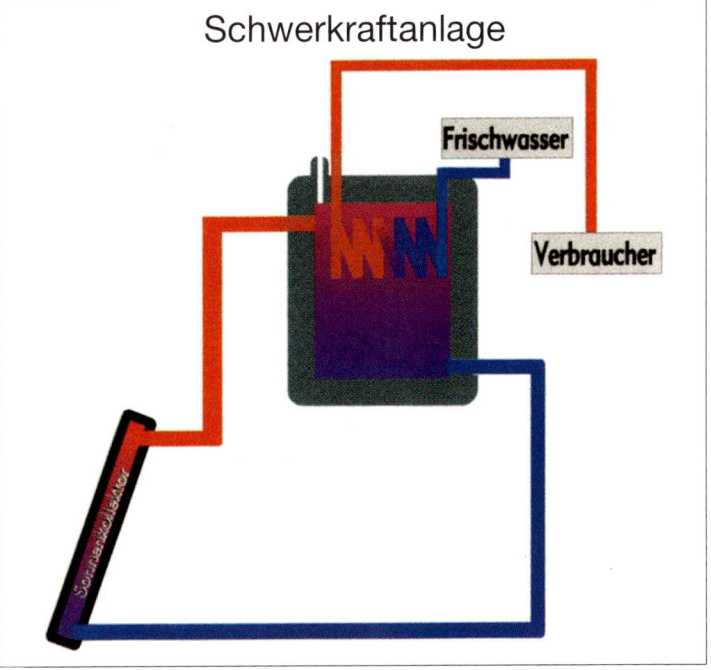

3

Fachkunde: Anlagenvarianten

Anlagenvarianten für Warmwassersolaranlagen

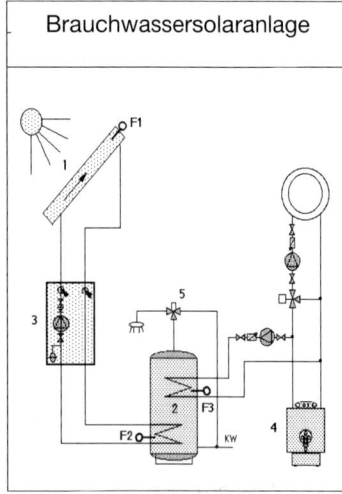

1 Brauchwassersolaranlage

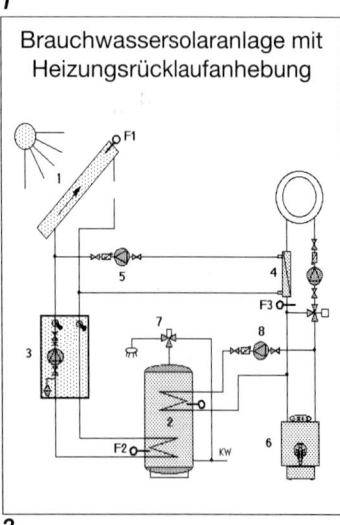

2 Brauchwassersolaranlage mit Heizungsrücklaufanhebung

Es gibt zahlreiche Möglichkeiten, eine Solaranlage in die Brauchwasser- und Heizungsanlage des Hauses einzubinden. Am sinnvollsten geschieht dies bereits bei der Planung des Neubaus oder wenn die veraltete Heizanlage ersetzt werden muß. Aber auch für den nachträglichen Einbau in eine bestehende Anlage gibt es praktikable Lösungen. Alle Möglichkeiten aufzuzeigen, würde den Rahmen dieses Buches bei weitem überschreiten. Es können deshalb im folgenden nur einige typische Anbindungsvarianten als Anregung aufgezeigt werden. Die individuelle Beratung muß immer bei den entsprechenden Fachfirmen erfolgen.

1 Die **Anlagenvariante einer Brauchwassersolaranlage** zeigt nebenstehendes Schaltschema. Der Sonnenkollektor (1) wandelt das Licht der Sonne in Wärme um. Mittels der Solarflüssigkeit im Rohrsystem wird die Wärme im geschlossenen Kreislauf zum Solarwärmetauscher im unteren Bereich des Brauchwasserspeichers (2) befördert. Den Transport übernimmt die Solarpumpe der Solarbetriebseinheit (3), die daneben noch verschiedene Sicherheits- und Überprüfungseinrichtungen beinhaltet. Die Fühler F1 und F2 messen die Temperaturdifferenz zwischen dem Kollektor und dem Brauchwasserspeicherinhalt und liefern die Werte für eine elektronische Steuerung der Solarumwälzpumpe.

Bei nicht ausreichender Sonneneinstrahlung erfolgt die Nachheizung des Brauchwassers durch den Heizkessel (4) über den Wärmetauscher im oberen Bereich des Brauchwasserspeichers. Die für den Transport notwendige Ladepumpe wird über den Temperaturfühler F3 gesteuert. Das Dreiwegeventil im Heizkreislauf ermöglicht eine Abkopplung der Heizanlage vom Heizkessel im Sommerbetrieb.

Um Verbrühungen an den Zapfstellen der Brauchwasseranlage zu vermeiden, wird die Warmwasseraustrittstemperatur über den eingebauten Brauchwassermischer (5) auf 50 °C begrenzt.

2 Eine weitere Variante stellt die **Brauchwassersolaranlage mit Temperaturanhebung** des Heizungsrücklaufs dar. Dabei wird die im Kollektor aufgefangene Sonnenenergie nicht nur für die Erwärmung des Brauchwassers genutzt,

Fachkunde: Anlagenvarianten

sondern unterstützt zusätzlich auch die Heizanlage.
Gewährleistet wird dies durch einen zusätzlichen Kreislauf zwischen Kollektor und Heizungsrücklauf. Ist die gewünschte Temperatur im Brauchwasserspeicher (2) erreicht, so wird über den Wärmetauscher (4) und die Ladepumpe (5) die Heizungsrücklauftemperatur angehoben. Das Dreiwegeventil im Heizkreislauf ermöglicht eine Abkopplung des Brenners, mit Hilfe des Temperaturfühlers (F3) ist eine Maximalbegrenzung möglich. Dieses Anlagenkonzept ist besonders in Verbindung mit einer Fußbodenheizung zu empfehlen, bei der niedrige Vorlauftemperaturen und eine hohe Wärmespeicherkapazität gewährleistet sind.

3 Eine weitere Variante für eine Heizungsunterstützung zeigt Schema 3. Die Besonderheit im Vergleich zu den bisher beschriebenen Anlagen bildet der sogenannte **Kombispeicher** (2), der in zwei getrennte Kammern für das Brauchwasser und das Heizwasser aufgeteilt ist. Die flaschenhalsförmige Ausbuchtung des integrierten Brauchwasserspeichers bis in den Bodenbereich des Gesamtspeichers dient besonders der Vorwärmung des dort einströmenden Kaltwassers. Die Wärme aus dem Kollektor wird mit der Solarpumpe (3) dem Wärmetauscher im unteren Bereich des sogenannten Pufferspeichers zugeführt, wodurch sowohl der Inhalt des Pufferspeichers als auch durch Wärmeleitung der Inhalt des Brauchwasserspeichers erhitzt wird. Bei nichtausreichender Sonneneinstrahlung erfolgt die Nachheizung des Brauchwassers durch den Heizkessel (6) mit Hilfe der Ladepumpe (9).
Der Brauchwassermischer (7) begrenzt die Warmwassertemperatur auf einen Maximalwert. Damit wird Verbrühungsgefahr an den Zapfstellen vermieden und die Speicherkapazität erhöht. Ist für das Brauchwasser eine Zirkulationsleitung vorgesehen, sollte darauf geachtet werden, daß die Zirkulationspumpe (8) jeweils nur wenige Minuten läuft, um überflüssige Wärmeverluste zu vermeiden.
Liegt die Speichertemperatur am Fühler F5 über der des Heizungsrücklaufs am Fühler F3, so wird das Dreiwegeventil (4) so umgesteuert, daß der Heizungsrücklauf durch den Kombispeicher geführt wird. Das solar erwärmte Wasser aus dem Pufferspeicher wird dann in den Heizungskreislauf eingespeist. Dieses Anlagenkonzept eignet sich besonders für Niedertemperaturheizungen.

Eine besonders einfache Möglichkeit der Einbindung in das bestehende Hausbrauchwassersystem ist bei der Verwendung von **Speicherkollektoren** gegeben. Da der mit Trinkwasser gefüllte Wasserspeicher gleichzeitig einen Teil des Kollektors bildet, ist lediglich der Anschluß an die Trinkwasserleitung notwendig. Zusätzliche Steuer- und Regeleinheiten sind nicht erforderlich.

Solaranlage für Brauchwassererwärmung und Heizungsunterstützung

3

Fachkunde: Wärmepumpen

Funktionsweise von Wärmepumpen

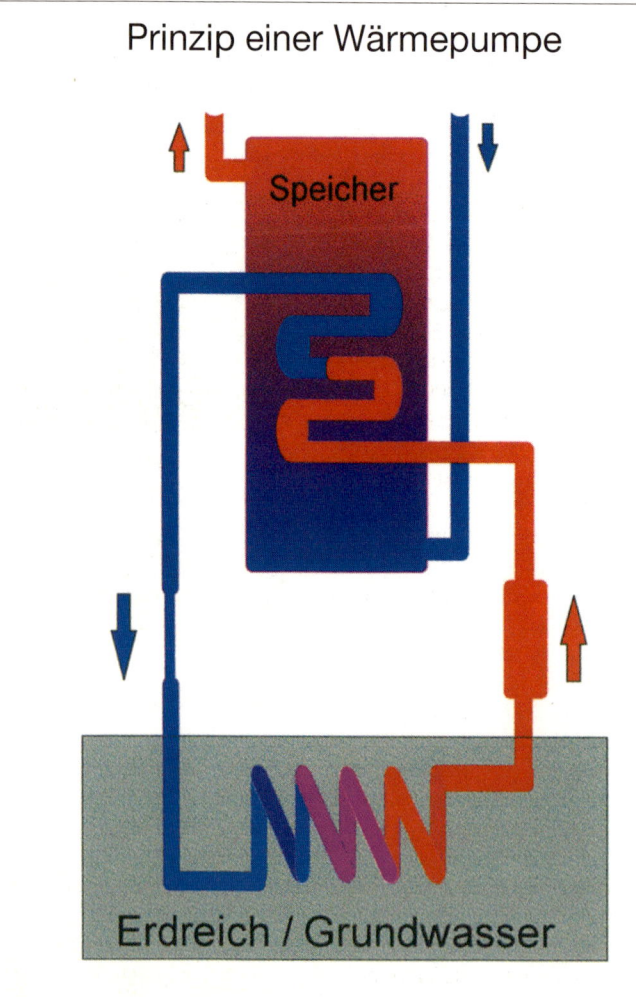

1 Die **Wärmepumpe** ist eine technische Vorrichtung, die ähnlich wie ein Kühlschrank funktioniert. Während beim Kühlschrank jedoch der **Kühleffekt** im abgeschlossenen Innenraum genutzt wird und die gleichzeitig erzeugte Wärme über das schwarze Kühlgitter an der Rückseite ungenutzt abgegeben wird, ist die Nutzungsverteilung bei der Wärmepumpe genau umgekehrt. Sie läßt den Temperaturabfall ungenutzt, während sie die **entstehende Wärme** für die Hausheizung oder die Warmwasserbereitung nutzt.
Die Wärmeaufnahme durch die Wärmepumpe ist bereits bei relativ geringen Temperaturen möglich, da durch den Einsatz von **Betreibungsenergie** in Form von Strom oder Gas die vorhandenen Temperaturen auf ein höheres Niveau hochgepumpt werden. Dennoch steigt die Effizienz der Wärmepumpe natürlich, wenn die Ausgangstemperatur bereits ein höheres Niveau besitzt.

2 Die bisherige Nutzung der Wärmepumpen konzentrierte sich für die **Wärmeaufnahme** besonders an der Umgebungsluft, dem Erdreich, dem Grundwasser oder einem Fließgewässer als Wärme-

Fachkunde: Wärmepumpen

quellen. Diese sind aber nicht immer ganz problemlos, da zur Erzielung einer brauchbaren Leistung für den ganzjährigen Heizungsbetrieb beispielsweise die Temperaturen der Wärmequellen nicht tiefer als +3 bis +5 sein sollen, so daß die Umgebungsluft im Winter nicht als Wärmequelle in Betracht kommt. Auch der **Wärmeentzug** aus dem Erdreich kann unter Umständen langfristig zu einer Abkühlung der gesamten Fläche führen, die sich negativ auf die Umgebung auswirkt und die Leistungsfähigkeit der Wärmepumpe schmälert. Die Grundwasserwärmeentnahme scheitert oft an der Versagung der wasserrechtlichen Genehmigung, und Fließgewässer zeigen häufig einen hohen Verschmutzungsgrad, der die Funktionsfähigkeit der Wärmepumpe beeinträchtigen kann.

Die Nutzung der **Sonnenenergie** kann hier in Verbindung mit der Wärmepumpe eine praktikable Lösung für die vorhandenen Probleme darstellen.

Gerade in den Übergangszeiten und im Winter, wenn die einstrahlende Sonnenenergie wegen des zu geringen Temperaturniveaus im Kollektor nicht immer optimal ausgenützt werden kann, ermöglicht die Wärmepumpe eine Steigerung der Effizienz, so daß ein akzeptabler Beitrag für die Raumheizung geleistet wird.

Bei der Nutzung des Erdreichs als Wärmequelle für die Wärmepumpe läßt sich eine langfristige Abkühlung durch den Wärmeentzug vermeiden, wenn gleichzeitig mit der Verlegung der Wärmepumpenerdkollektoren auch ein Speicherkollektor für die Sonnenenergie verlegt wird. Dieser kann aus einfachen Hartschläuchen bestehen und gibt den Wärmeüberschuß der Solaranlage an das Erdreich ab, wo er gleichsam gespeichert wird und für die Wärmepumpe zur Verfügung steht.

Eine weitere Möglichkeit, eingestrahlte Sonnenenergie im Sommer für den Winter nutzbar zu machen, besteht durch die Verwendung eines sehr großen, senkrecht aufgestellten Wasserspeichers, z. B. 10 000 Liter Tank. Die über eine größer dimensionierte Kollektoranlage gespeicherte Sonnenenergie wird über eine Wärmepumpe für Brauchwassererwärmung und Heizanlage nutzbar gemacht. Bei gezielten Energiesparmaßnahmen kann dabei weitestgehend auf konventionelle Wärmequellen verzichtet werden.

Bereiche für die Wärmeaufnahme beim Einsatz von Wärmepumpen

2

Fachkunde: Photovoltaik

Prinzipien der Photovoltaik

Schon seit jeher versucht der Mensch das Beispiel der Natur nachzuahmen, der es gelingt, Sonnenenergie in **Prozeßenergie** umzuwandeln, wie wir es in der Photosynthese erkennen können.

Mit der Entdeckung des inneren photoelektrischen Effekts im Bereich der anorganischen Materie ist es endlich gelungen, die elektromagnetische Energie der Sonne in für den Menschen nutzbare elektrische Energie umzuwandeln.

Dies geschieht mit Hilfe von **Solarzellen**, die aber nicht nur das Sonnenlicht, sondern auch diffuses Tageslicht, ja sogar Kunstlicht direkt in elektrischen Strom umwandeln können. Dieser entsteht, weil beim Auftreffen von Photonen, den kleinsten Teilen aus dem unser Licht besteht, auf die Oberfläche der Solarzellen Elektronen ausgelöst werden, die innerhalb eines bestehenden elektrischen Feldes zu wandern beginnen und so einen Stromfluß erzeugen.

Der Ausgangsstoff für die Herstellung dieser Solarzellen ist Sand. Aus ihm wird nach zahlreichen und aufwendigen Reinigungsverfahren **Silizium** gewonnen, das auch die Grundlage für zahlreiche andere Bauelemente aus der Halbleitertechnik bildet.

Obwohl alle heute auf dem Markt befindlichen Solarzellen, egal ob monokristallin, polykristallin oder amorph, aus Silizium bestehen, existieren auch noch zahlreiche andere halbleitende Verbindungen mit ausgezeichneten Eigenschaften zur Nutzung des photoelektrischen Effekts. Für die Bewertung ihrer technologischen Nutzbarkeit ist allerdings noch immer weitere Grundlagenforschung notwendig. Die Technologie der vorhandenen Siliziumsolarzellen läßt aber bereits heute einen sinnvollen **Einsatz in zahlreichen Anwendungsgebieten** zu.

Fast schon selbstverständlich erscheint die Nutzung in elektronischen Kleinst- und Kleingeräten, wie z. B. Armbanduhren, Taschenrechnern, Taschenlampen etc. (1).

Solare Stromanlage zur Sauerstoffversorgung einer Fischteichanlage

Fachkunde: Photovoltaik

Aber auch mittlere und in letzter Zeit immer häufiger größere Stromverbraucher werden durch Solarstrom aus Siliziumsolarzellen gespeist. Zu diesem Zweck werden zahlreiche Einzelzellen zu größeren **Leistungseinheiten in Form von Modulen** zusammengefaßt.

Zahlreiche Kommunen sind inzwischen dazu übergegangen, Parkscheinautomaten, Verkehrsleitsysteme etc. mit Siliziumsolarmodulen zu versehen und so die nötige elektrische Energie aus der Sonnenkraft zu zapfen. Und manche Elektroversorgungsunternehmen greifen sogar zur Versorgung entlegener Anwesen auf die Sonnenkraft zurück, indem sie den Besitzern entsprechende Modellanlagen zur Gewinnung von Untersuchungsdaten anbieten, da die Kosten für Material und Installation einer solaren Hausstromversorgungsanlage weit geringer sind als das aufwendige Legen langer Stromzuleitungen zur Anknüpfung an das bestehende Netz.

Die **steigende Tendenz** zur Gewinnung von Strom aus der Sonnenenergie ist also unübersehbar, wenn auch momentan aus finanziellen Gründen noch eine Bereichseinschränkung auf Niedrigverbraucher oder Verbraucher in Form von Inselbetrieb (fehlende Netzanbindung) festzustellen ist.

Erinnert man sich an den rasanten Preisverfall im Computerbereich und damit verbunden den gleichzeitigen Anstieg der Verkaufszahlen dieser anfangs so hochkomplizierten Geräte, die heute in fast jedem Haushalt zu finden sind, so läßt sich erahnen, welcher Aufschwung den Solarmodulen zur solaren Stromversorgung bevorsteht.

Die Nutzungsmöglichkeiten: Hausnummernschildbeleuchtung, Gartenbeleuchtung, Zierteichpumpenantrieb, Garagentorantrieb, Ferienhausstromversorgung, Segelbootstromversorgung, Caravanstromversorgung, Fischteichbelüftungsanlagen etc. erscheinen schon heute unbegrenzt. Dabei eignen sich diese **Anwendungsmöglichkeiten** besonders für den Selbermacher, da die Komponenten von photovoltaischen Komplettanlagen in der Regel einfach montiert werden können. Darüber hinaus beinhaltet selbst die individuelle Konzeption solarer Anlagen kein Hindernis mehr, da sowohl Hersteller als auch Vertreiber entsprechender Solarkomponenten detaillierte Angaben für die Materialberechnung zur Verfügung stellen.

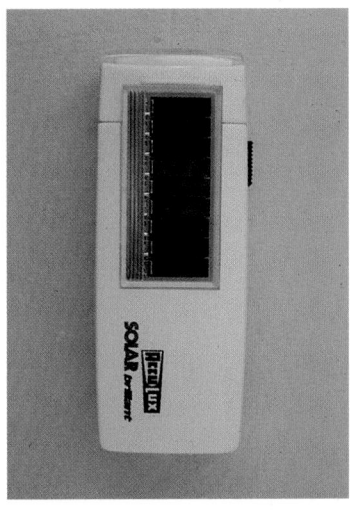

Materialkunde: Sonnenkollektoren

Sonnenkollektoren

Der Sonnenkollektor ist das **Herzstück** einer Brauchwassersolaranlage. Hier wird die Wärme der Sonnenstrahlung aufgefangen und an ein Medium, meist Wasser oder ein Wasser-Frostschutz-Gemisch, abgegeben, mit dessen Hilfe es über einen Wärmetauscher für die Brauchwassererwärmung genutzt werden kann. Die konstruktive Ausführung und das verwendete Material des Sonnenkollektors hängt von seinem Verwendungszweck ab.

1-2 Für die Wassererwärmung eines Schwimmbades werden beispielsweise keine sehr hohen Temperaturen benötigt, anderseits müssen aber große Wassermengen erwärmt werden. Hier ist es deshalb sinnvoll, **Rohr- oder Flächenabsorber** einzusetzen, die korrosionsfest sind und aus einem speziellen UV-beständigen Kunststoff bestehen, da sie wegen des relativ niedrigen Temperaturniveaus ohne Glasabdeckung betrieben werden können. Das Beckenwasser kann dabei direkt durch den Kollektor gepumpt werden. Ein Wärmetauscher ist hier nicht nötig.

3 Für die Warmwasserbereitung im Haushalt werden höhere Ansprüche an den Kollektor gestellt, als beim Schwimmbadkollektor. Es müssen höhere Temperaturen erreicht werden, er muß besonders korrosionsfest und außerdem wintertauglich sein. Die häufigste Form ist der **Flachkollektor**. Er besteht aus einem Gehäuse, das den Absorber beinhaltet und einer transparenten Abdeckung.

4 Für den Absorber werden meist Kupfer oder Aluminium verwendet, das mit einer speziellen Beschichtung versehen sind Diese sogenannte selektive (lat. ausgewählte) Beschichtung wirkt als Filter und sorgt dafür, daß kurzwellige Lichtstrahlen optimal absorbiert werden, die nach dem Auftreffen entstehenden langwelligen Wärmestrahlen aber nur noch schlecht

Materialkunde: Sonnenkollektoren

emittiert werden. Dies führt zu einer erheblichen **Leistungssteigerung**. Für die Korrosionsbeständigkeit und den Frostschutz sorgen entsprechende Zusätze, ähnlich wie beim Autokühler. Der Solarkreislauf ist dabei natürlich durch einen Wärmetauscher vom Frischwasserkreislauf getrennt.

5 Das Kollektorgehäuse ist zusätzlich isoliert, um Wärmeverluste zu reduzieren. Die **Isolation** besteht häufig aus verschiedenen Materialverbunden, da einerseits ein leichtes Montagegewicht erzielt werden soll, andererseits aber auch notwendige Anforderungen an die Wärmedämmeigenschaften und Belange des Brandschutzes erfüllt werden müssen.

6 Als lichtdurchlässige Kollektorgehäuseabdeckung werden meist Scheiben aus hochtransparentem **Solarsicherheitsglas** verwendet, das reflexionsarm, entspiegelt und hagelschlaggeprüft ist. Aber auch einfaches Bauglas (4mm) findet durchaus Verwendung.

7 Materialien aus Acrylglas oder handelsüblichen Folien sind dagegen weniger geeignet, da sie z.T. die Wärmeabstrahlung des Absorbers durchlassen und nicht UV-beständig sind. Eine Ausnahme bildet jedoch eine transparente **Teflonfolie**, ein Abfallprodukt der Raumfahrt, die extrem reißfest, witterungsbeständig und zudem wärmedämmend ist. Sie ist eine echte Kostenalternative zum Solarglas.

8 Einige Hersteller versuchen die Wärmeabstrahlung noch dadurch zu verringern, daß sie das Kollektorgehäuse luftleer pumpen, um Konvektion zu verhindern. Bei Flachkollektorgehäusen wird dazu die statische Belastung durch das **»Vakuum«** über Abstandshalter zwischen Rückwand und Scheibe verteilt.

9 Anhand eines Anzeigegerätes kann der momentane Unterdruck

6

7

5

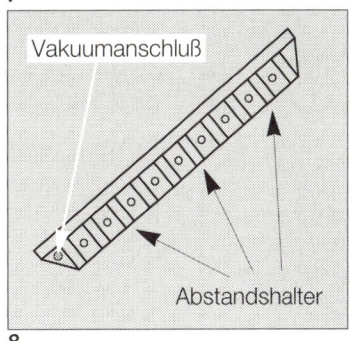
8

Materialkunde: Sonnenkollektoren

9

10

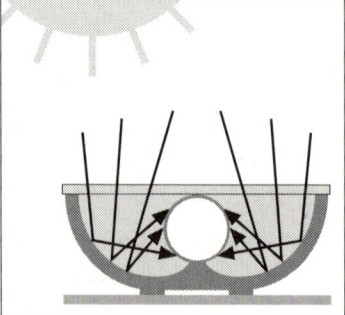

11
12

abgelesen und notfalls mit einer speziellen Unterdruckpumpe korrigiert werden.

10 Vakuumkollektoren gibt es auch in Form von druckfesten Glasröhren. Im Gegensatz zu den Vakuumflachkollektoren arbeiten diese nach dem sogenannten »**heat-pipe-Prinzip**«.

11 Im luftleeren Innenraum der Röhre befindet sich ein Flügelabsorber, der aus selektiv beschichteten Flügelflächen zur Aufnahme der Sonneneinstrahlung besteht, die mit einem Wärmeträgerrohr thermisch verbunden sind. In diesem Wärmeträgerrohr befindet sich eine leicht verdampfende Flüssigkeit, die bei Erwärmung gasförmig wird, nach oben steigt und sich unter Abgabe der gespeicherten Wärme an den Kondensatorteil wieder verflüssigt und nach unten fließt. Der Kondensatorteil wird wiederum durch eine Wärmeträgerflüssigkeit gekühlt, die die aufgenommene Wärme zur Nutzung für das Hausbrauchwassersystem abführt.

12 Eine besondere Art von Sonnenkollektoren sind **Speicherkollektoranlagen**. Hier sind Absorber und Wasserspeicher zu einer kompletten Einheit im Kollektorgehäuse zusammengefaßt. Der Wasserspeicher dient gleichzeitig als Absorber und ist deshalb an der Oberfläche selektiv beschichtet. Er liegt in einem Gehäuse, das wärmeisoliert ist und an der Innenfläche einen Reflektor aufweist, der die einfallende Sonnenstrahlung auf die Oberfläche des Speicher-Absorbers lenkt. Die Glasabdeckung besteht aus Solarglas bzw. einer Glasplatte mit darunterliegender transparenter Wärmedämmung. Dadurch ist der Betrieb im Winter frostgeschützt. Dies ist notwendig, da bei diesem System das Frischwasser direkt im Kollektorspeicher erwärmt wird. Speicherkollektoranlagen eignen sich auch zum nachträglichen Einbau und sind sehr preisgünstig.

Materialkunde: Solarspeicher

Solarspeicher

Da die Sonnenkollektoren nur bei Sonneneinstrahlung Wärme liefern, Wärmenachfrage aber auch außerhalb dieser Zeit besteht, ist ein **Puffer** nötig, der es ermöglicht, nicht sofort nutzbare Wärme zu speichern und bei Bedarf abzugeben. Diese Aufgabe erfüllt der Solarspeicher. Dabei handelt es sich im allgemeinen um einen Wasserspeicher, der aus Metall oder Kunststoff besteht und neben einem Wärmetauscher für den normalen Heizkreislauf noch einen Wärmetauscher für den Solarkreislauf besitzt. Dieser ist im unteren Bereich des Speichers angeordnet und sollte idealerweise senkrecht angeordnet sein, um eine optimale Wärmeabgabe in Form eines nach oben zirkulierenden **Wärmestroms** zu ermöglichen. Zusätzlich ist eine Kombination mit einer Wärmepumpe denkbar.

1 Grundsätzlich lassen sich Solarspeicher unterteilen in Druckspeicher und **drucklose Speicher**. Drucklose Speicher aus Kunststoff sind kostengünstiger und werden meist in Schwerkraftsolaranlagen eingesetzt oder als Kombiwärmespeicher bei mehreren Heizquellen. Der Wasserinhalt dieser Kombiwärmespeicher wird über eine bevorzugte Heizquelle (z. B. Festbrennstoffkessel) umgewälzt und dabei erhitzt. Außerdem können über jeweils eigene Kreisläufe auch noch weitere Heizquellen (zum Beispiel Strom, Öl, Gas, Solar) angeschlossen werden, die ihre Wärme bei Betrieb über eingebaute Wärmetauscher an den Wasserinhalt des Kombispeichers abgeben. Ebenfalls über Wärmetauscher kann dann der Trinkwasser- und Heizungskreislauf mit Wärme versorgt werden.

Der Wasserinhalt des drucklosen Speichers dient also lediglich als **Wärmeträgerflüssigkeit** und wird

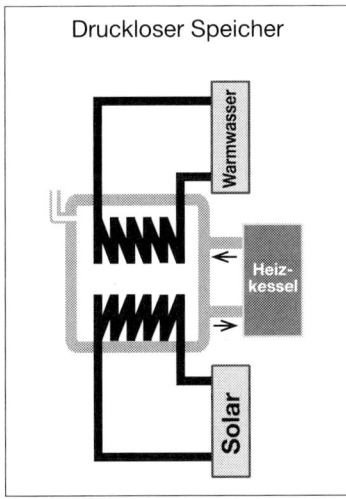

1

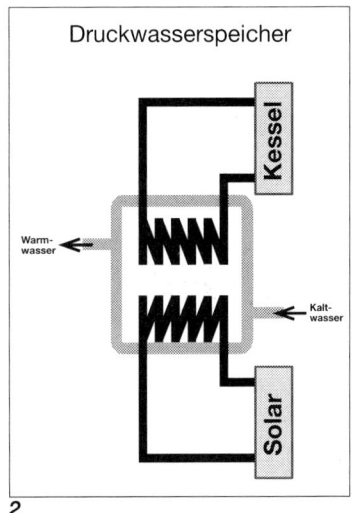

2

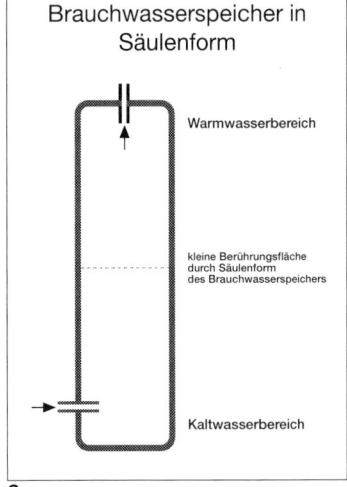

3

Materialkunde: Solarspeicher

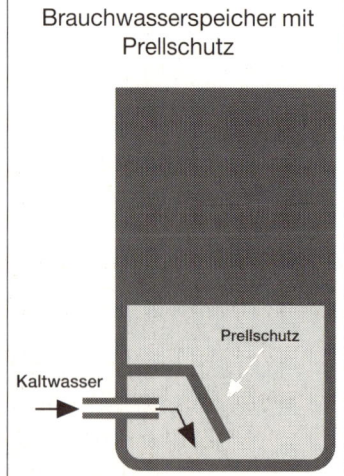

Brauchwasserspeicher mit Prellschutz

4

5

nach dem erstmaligen Befüllen der Heizungsanlage bei der Inbetriebnahme nicht mehr ausgetauscht. Dies hat den entscheidenden Vorteil, daß ein Verkalken der Wärmetauscheroberflächen ausgeschlossen wird.

2 Häufiger verbreitet sind **Druckspeicher**. Sie bestehen aus Edelstahl oder emailliertem Stahl und sind zum Korrosionsschutz mit einer Anode versehen. Im Gegensatz zum drucklosen Speicher ist beim Druckspeicher der Speicherinhalt gleichzeitig das Nutzwasser. Die Erwärmung erfolgt über Wärmetauscher, an die die Kreisläufe der jeweilgen Wärmequelle (z. B. Gas, Solar) angeschlossen sind. Wenn durch einen Anschluß im oberen Bereich des Speichers warmes Nutzwasser entnommen wird, fließt gleichzeitig im unteren Bereich die entsprechende kalte Frischwassermenge nach. Innerhalb des Speichers entsteht eine Wärmeschichtung, da sich das kalte Wasser im unteren Bereich sammelt, ohne sich mit den wärmeren Schichten zu vermischen. Eine gute Wärmeschichtung ist ein effizienzsteigerndes Qualitätsmerkmal von Druckspeichern, auf das besonders bei Verwendung als Solarspeicher geachtet werden sollte, und kann anhand verschiedener Konstruktionsmerkmale erkannt werden.

3 So vergrößert eine schlanke Bauweise in **Säulenform** den Abstand zwischen der heißen und der kalten Wasserzone und vermindert den Wärmeaustausch, weil ein geringer Durchmesser die Berührungsflächen der beiden Temperaturbereiche verkleinert.

4 Um eine Verwirbelung der Schichten beim Einfließen des Kaltwassers zu vermeiden, werden die Einfüllstutzen seitlich angeordnet und mit einem **Prellschutz** versehen. Diese Vorrichtung befindet sich im unteren Speicherbereich.

5 Wichtig ist auch die vollkommene **Wärmedämmung** des Solarspeichers, um die Wärmeverluste so gering wie möglich zu halten. Dies ist notwendig, um auch sonnenlose Zeiten überbrücken zu können, ohne mit konventionellen Wärmeerzeugern nachheizen zu müssen. Eine Dämmstoffdicke von 8-10 cm sollte bei den üblicherweise verwendeten PU-Hart- oder Weichschaummaterialien nicht unterschritten werden.

Materialkunde: Wärmetauscher

Wärmetauscher

Bei den meisten Brauchwassersolaranlagen werden die Kollektoren nicht von Nutzwasser durchströmt, sondern besitzen einen eigenen Kreislauf, der aus dem Absorber, einer Verbindungsleitung und dem Wärmetauscher besteht. Dies ist sinnvoll, da die Solaranlage dann auch im **Winter** betrieben werden kann, indem man dem Solarkreislauf ein Frostschutzmittel zugibt. Die Aufgabe des Wärmetauschers besteht darin, die Wärme aus dem Solarkreislauf an den Nutzwasserkreislauf abzugeben. Die Übertragung kann jedoch nur erfolgen, wenn zwischen beiden Kreisläufen eine Temperaturdifferenz besteht. Je größer diese Differenz ist, um so höher ist die **Wärmeübertragungsleistung**. Um den Verlustgrad des Wärmetauschers gering zu halten, aber auch um bei geringer Temperaturdifferenz noch eine akzeptable Übertragungsleistung zu erreichen, muß die Oberfläche des Wärmetauschers möglichst groß sein, hochwärmeleitend und korrosionsbeständig. Folgende Bauarten werden angeboten:

1 Glattrohrwärmetauscher aus Edelstahl, die zwar eine geringere Oberfläche besitzen, aber eine hohe Wärmeübertragungsleistung aufweisen und als weniger verkalkungsanfällig gelten.

2 Rippenrohrwärmetauscher aus Kupfer, die auf kleinem Raum eine große Wärmeaustauschfläche besitzen, allerdings für Kalkanlagerungen anfällig sind.

3 Plattenwärmetauscher, die außerhalb eines Wasserspeichers betrieben werden und sich beim nachträglichen Einbau einer Solaranlage in ein bestehendes Heizsystem anbieten, wenn die vorhandene Speicherkonstruktion keine andere Möglichkeiten zuläßt.

2

1

3

Materialkunde: Dachmontage

Komponenten zur Dachmontage von Brauchwassersolaranlagen

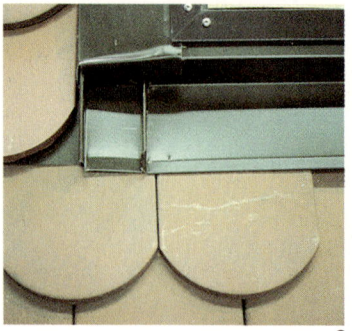

1 Das Anbringen von Sonnenkollektoren für Brauchwasseranlagen kann durch Indach- oder Aufdachmontage erfolgen. Bei **Indachmontage** fügt sich der Kollektor harmonisch in die Dachfläche ein.

2/3 Die **Einbindung** in die Dachfläche geschieht meist durch entsprechende Übergangsbleche aus Kupfer, Zinkblech oder Bleifolie. Die Form ist dabei an besonders an der unteren Anschlußfläche von der vorhandenen Ziegelform abhängig.

4 Eine weitere Möglichkeit der Einbindung an der unteren Kollektorseite bietet das **Überlappen** der Kollektorglasfläche über die anliegende Ziegelreihe. Dazu werden die Glasplatten auf überstehenden Aluminiumglasträgern gehalten.

5 Die Seiteneinbindung kann über **Einschubbleche** erfolgen. An der Kollektorseite, aus der die Anschlußrohrleitungen austreten, muß ein entsprechend breites Übergangsblech montiert werden.

6 Flachkollektoren, Röhrenkollektoren und einfache Schwimmbadkollektoren können auch in Form von **Aufdachmontage** an-

Materialkunde: Dachmontage

gebracht werden. Je nach Kollektorart stehen für alle Ziegelarten spezielle Halterungen zur Verfügung, die eine geeignete Dachmontage erlauben.

7 Eine besonders elegante Lösung ist die **Integration** des Kollektors in der Hausfassade, wobei die Fensterinnenrahmen das Kollektorgehäuse bilden. Eine entsprechende Einbindung ist besonders dann sinnvoll, wenn sie bereits in der Planungsphase des Neubaus berücksichtigt wird. Aber auch die nachträgliche Montage von Fassadenkollektoren ist möglich.

5

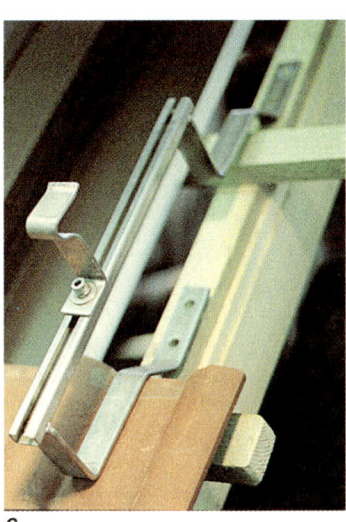
6

4

7

Materialkunde: Sicherheits- und Steuereinrichtungen

Sicherheits- und Steuereinrichtungen für die Warmwassersolaranlage

1

Sowohl für die solare Schwimmbadheizung als auch für die solare Hauswassererwärmung werden Einrichtungen benötigt, die zur Regelung und Sicherung der vorhandenen Systemkreisläufe dienen. Häufig werden dabei Systemkomponenten verwendet, wie sie auch im traditionellen Heizungsbau zu finden sind.

1 Ein wesentliches Element bei geschlossenen Solarkreisläufen bildet die Rücklaufgruppe, die selbst bei Solaranlagenbausätzen häufig als vormontierter **Armaturenblock** angeboten wird und alle notwendigen Sicherheitseinrichtungen inklusive Pumpe enthält. Die einzelnen Komponenten werden im folgenden beschrieben.

2 Die **Umwälzpumpe** sorgt für den Flüssigkeitsaustausch zwischen Absorber und Kollektor. Sie ist meist mit einem automatischen Entlüftungsventil versehen und sollte verschiedene Geschwindigkeitsstufen aufweisen.

3 Zwei **Absperrhähne** in Kugelventilausführung, die vor und hinter der Umwälzpumpe angeordnet sind, erlauben einen eventuell nötigen Pumpenaustausch, ohne daß

Materialkunde: Sicherheits- und Steuereinrichtungen

die Anlage komplett entleert werden muß. Der Absperrhahn über der Pumpe sollte außerdem mit einem Rückschlagventil versehen sein, um die Pumpe zu schützen.

4 Dieses **Rückschlagventil** kann auch als eigene Komponente eingebaut werden. Wichtig ist in beiden Fällen, daß es als Schwerkraftbremse konzipiert ist und keine Luftschleuse besitzt. Die Schwerkraftbremse ist notwendig, um innerhalb des Rohrsystems Wärmeverlust durch aufsteigendes Warmwasser bei Stillstand der Anlage zu vermeiden. Die Bremsfunktion kann von außen durch eine Schlitzschraube aus- oder angestellt werden.

5 Analoge **Thermometer** im Vor- und Rücklauf zeigen die Vor- und Rücklauftemperatur des Solarsystems an, und geben durch die erkennbare Temperaturdifferenz einen Hinweis auf den Temperaturübertrag des Wärmetauschers vom Solarkreislauf an den Brauchwasserkreislauf.

6 Am **Manometer** läßt sich der Druck des Solarkreislaufs feststellen. Dies ist beim Befüllen des Systems notwendig und ermög-

2

4

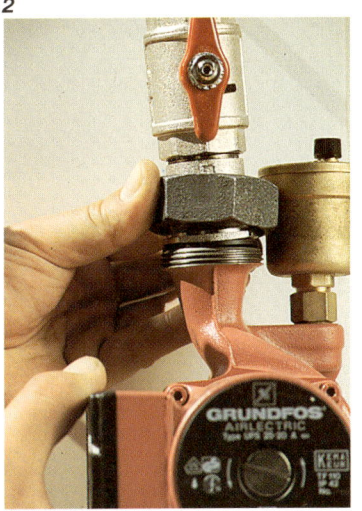

3

5

Materialkunde: Sicherheits- und Steuereinrichtungen

licht auch eine Kontrolle der laufenden Anlage. Die rote Markierung zeigt den maximal möglichen Betriebsdruck an, der sich in seiner vorgegebenen Höhe am verwendeten Überdruckventil orientiert. Der Bereich des üblichen Arbeitsdrucks ist grün markiert.

7 Das **Überdruckventil** schützt den solaren Leitungskreislauf vor gefährlichem Überdruck, wie er z. B. entstehen kann, wenn bei voller Sonneneinstrahlung die Umwälzung in der Anlage (Pumpendefekt, Steuerungsdefekt, Stromausfall etc.) versagt. Üblicherweise liegt dieser Ansprechdruck bei etwa 2,5 bar und wird auch am Manometer durch einen roten Strich angezeigt. Um bei einem Auslösen des Ventils kein Wärmeleitmittel zu verlieren, sollte der angeschlossene Ableitungsschlauch nicht in die Kanalisation führen, sondern in einen ausreichend dimensionierten Kanister. Durch Drehen der roten Rändelkappe kann die Funktionsfähigkeit überprüft werden. Dies sollte jährlich geschehen.

8 Das **Ausdehnungsgefäß** nimmt den Teil des Wassers auf, der bei Erwärmung nicht mehr im Leitungssystem Platz findet. In seiner

Materialkunde: Sicherheits- und Steuereinrichtungen

Dimensionierung muß er sich an der Menge des Systeminhalts, der statischen Höhe und dem maximalen Anlagendruck orientieren.

9 Ein einfacher **Absperrhahn** über dem Ausdehnungsgefäß ermöglicht einen Austausch, ohne daß das gesamte System abgelassen werden muß.

10 Das **automatische** Entlüftungsventil sorgt dafür, daß im Rohrsystem vorhandener Lufteinschluß automatisch abgesondert wird. Sinnvoll ist die Anbringung an der Umwälzpumpe und beim Ausgleichsgefäß. Abgeraten wird davon, es beim Kollektor anzubringen, weil die dort auftretenden hohen Temperaturen zu einer Fehlfunktion führen können.

11 An der höchsten Stelle des Solarkreissystems muß möglichst nahe am Kollektor ein **mechanisches** Entlüftungsventil angebracht werden. Nur so ist beim Befüllen der Anlage ein wirksames Entlüften möglich. Dies ist Voraussetzung für ein effizientes Funktionieren.

12 Manche Firmen bieten auch einen speziellen **Entlüftungstopf** für Solaranlagen an, der mit einem

10

12

11

13

Materialkunde: Sicherheits- und Steuereinrichtungen

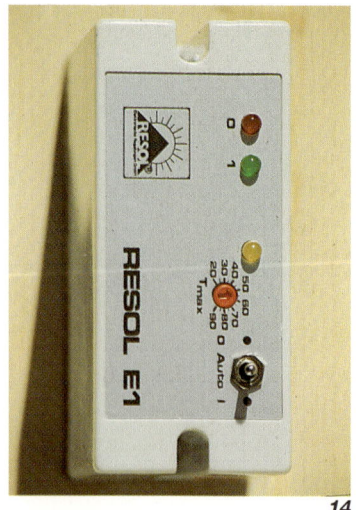

mechanischen Entlüftungsventil versehen ist. Die große Dimensionierung des Entlüftungstopfes garantiert, daß auf keinen Fall eventuell vorhandene Luft im Rohrsystem verbleiben kann und dadurch die Leistungsfähigkeit der Solaranlage beeinträchtigt werden könnte.

13 Der **Füll- und Entleerhahn** dient zum Einfüllen und Ablassen des Wärmeleitmittels.

14 Die **Solarheizungssteuerung** mißt über zwei Wärmefühler in kurzen Zeitintervallen die Temperatur am Kollektor und im Wärmespeicher. Bei entsprechender Differenz schaltet sie die Umwälzpumpe an bzw. aus. Manche Modelle ermöglichen zudem über eine Digitalanzeige das Ablesen der jeweiligen Temperatur und steuern die Drehzahl der angeschlossenen Umwälzpumpe. Neben Einkreissteuerungen gibt es auch Mehrkreissteuerungen, die alle üblichen Anforderungen der restlichen Heizanlage miterfüllen können.

15 Bei einfachen Schwimmbadsolarheizungen im drucklosen System sind die bisher aufgeführten Sicherheitseinrichtungen nicht nötig. Hier wird lediglich der Wasserinhalt des Schwimmbeckens mittels einer Umwälzpumpe zum Kollektor gepumpt und läuft erwärmt wieder in das Schwimmbecken zurück. Die benötigte Leistung der Pumpe hängt von der Höhe des Kollektors und der Wasseraustauschmenge ab und kann meist mit der bereits vorhandenen **Filterpumpe** bewerkstelligt werden.

16 Die **Steuerung** erfolgt ebenfalls elektronisch mit zwei Temperaturfühlern und trennt bzw. verbindet den Solarkreislauf über einen Drei-Wege-Motorhahn mit dem Filterkreislauf.

14

15

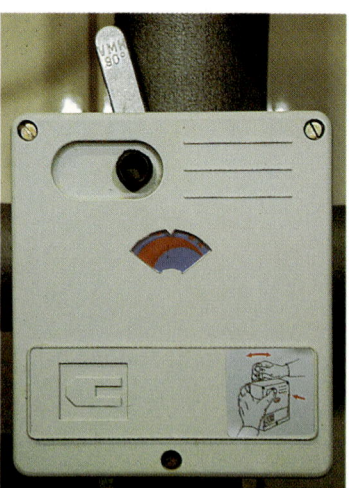

16

Rohre und Fittings

Zum Anschluß einer solaren Brauchwasseranlage werden verschiedene **Rohrleitungssysteme** erstellt, deren Material sich an den jeweiligen Anforderungen orientiert.

1 Für den Solarkreislauf werden vorrangig Rohre aus **Kupfer** verwendet, da sie sich besonders leicht verarbeiten lassen. Die Rohre werden in verschiedenen Rohrgrößen als 5 m Hartkupferstangen oder in Form von Weichkupferringen mit 25 m oder 50 m angeboten. Größere Rohrdurchmesser, wie sie für die Steigleitungsabschnitte notwendig sind, werden allerdings nur in Stangenform geliefert.

2 Die gängigen Maße von Cu-Rohren zusammen mit Angaben über Rohrinhalt und zulässigen Betriebsdruck gibt die **DIN 1786** an.

3 Für die Trinkwasserleitung werden bevorzugt **verzinkte Stahlrohre** verwendet, da sie als besonders korrosionssicher gelten. Ihre Verbindung geschieht über Schraubgewinde. Der Handel bietet dazu verschiedene Rohrlängen mit bereits werkseitig geschnittenem Gewinde an.

1

Rohrgröße (Außendurchmesser x Wanddicke in mm)	Rohrinhalt (l/m)	zul. Betriebsdruck (bar)
12 x 1	0,079	104
15 x 1	0,133	82
18 x 1	0,201	67
22 x 1	0,314	54
28 x 1,5	0,491	65

2

3

Materialkunde: Rohre und Fittings

4-15 Die Verbindungen und Abzweigungen in Rohrsystemen werden mit Hilfe von **Fittings** (engl. to fit, vervollständigen, passend machen) ausgeführt.
Bei Kupferrohrverbindungen geschieht dies in Form von Lötfittings, die in den verschiedensten Formen erhältlich sind. Der Bereich, in dem das Rohr aufgenommen wird, nennt sich Muffe.
Bei Leitungsübergängen zu Armaturen werden Lötfittings aus Rotguß oder Messing mit Gewindeübergang verwendet. Eine Auswahl aus dem gesamten Verbindungssortiment zeigen die Abbildungen.

16-24 Verzinkte Stahlrohre werden mit Schraubfittings verbunden. Auch hier zeigen die Abbildungen nur eine gängige Auswahl aus der angebotenen Produktpalette.

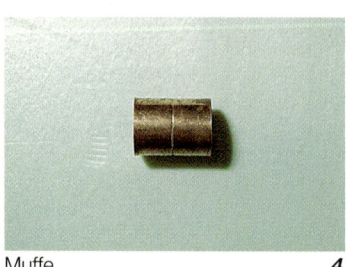

Muffe   4

Reduziermuffe   7

90°-Winkel mit zwei Muffen   10

90°-Winkel mit einer Muffe   5

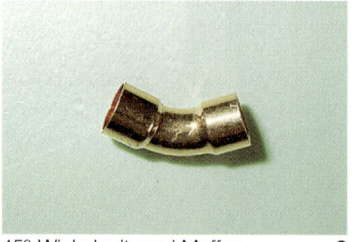

45°-Winkel mit zwei Muffen   8

45°-Winkel mit einer Muffe   11

T-Stück mit 3 Muffen   6

Übergangsnippel   9

Übergangsmuffe   12

Materialkunde: Rohre und Fittings

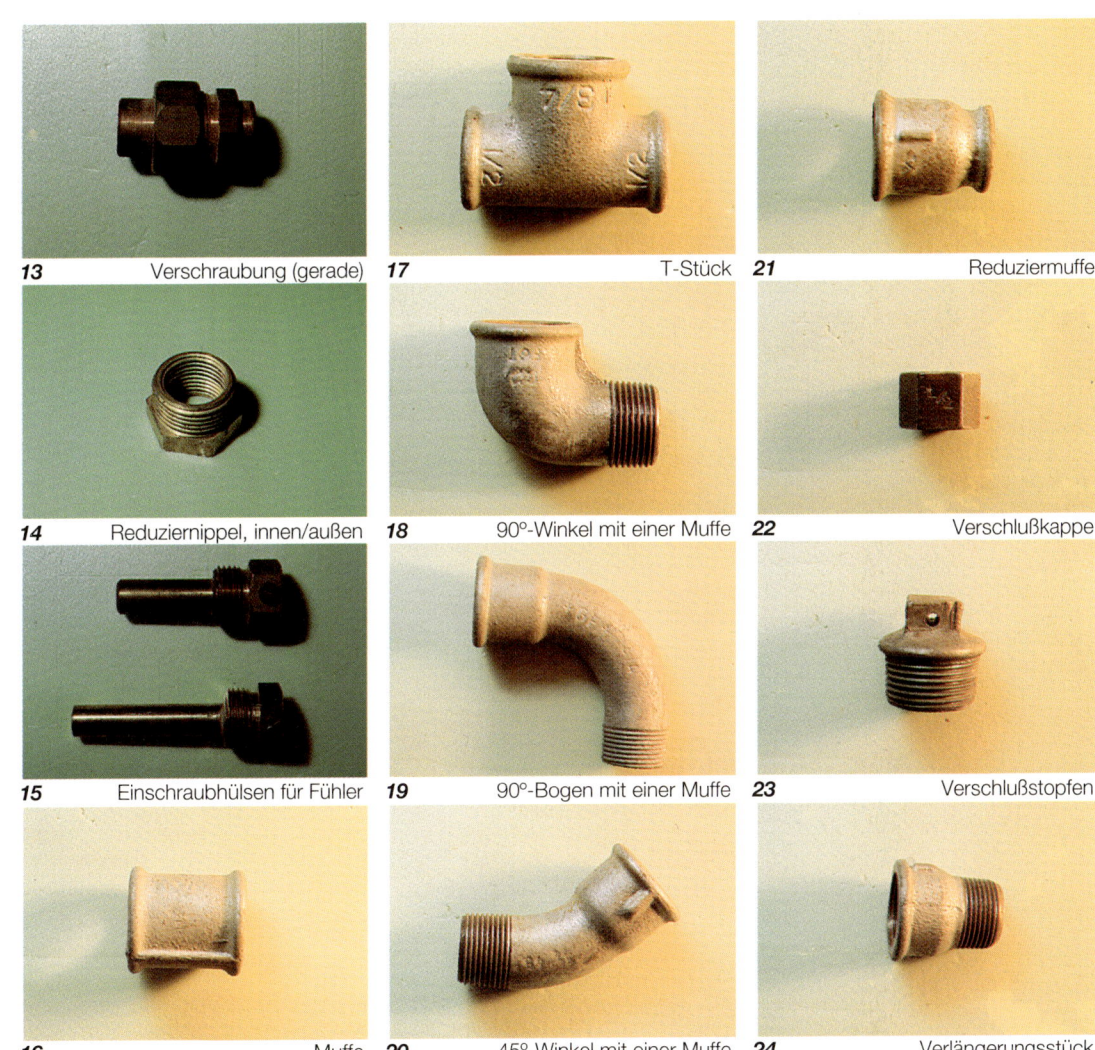

13 Verschraubung (gerade)
14 Reduziernippel, innen/außen
15 Einschraubhülsen für Fühler
16 Muffe
17 T-Stück
18 90°-Winkel mit einer Muffe
19 90°-Bogen mit einer Muffe
20 45°-Winkel mit einer Muffe
21 Reduziermuffe
22 Verschlußkappe
23 Verschlußstopfen
24 Verlängerungsstück

Materialkunde: Solarmodule

Solarmodule für Photovoltaikanlagen

1

2

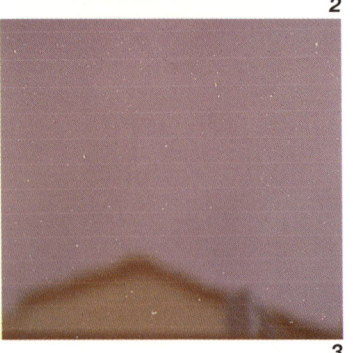

3

Solarmodule bestehen aus einzelnen Solarzellen, die zu einer größeren Leistungseinheit, dem Modul, zusammengefaßt werden und zum Schutz vor äußeren Einflüssen in einem durchsichtigen Gehäuse eingeschlossen sind.

1 Die frühesten Solarzellen, die zur Verfügung standen, waren die **monokristallinen**. Bei der Herstellung wurden sie durch das Zersägen eines Einkristall-Stabs gewonnen. Dadurch erklärt sich auch ihre meist halbrunde Form.

2 Die Weiterentwicklung bildete die **polykristalline** Solarzelle, die bedeutend preiswerter war und heute in zahlreichen Solarmodulen Verwendung findet. Auch sie wird in der Form von kleinen Scheiben produziert, die durch Absägen von einem quadratischen polykristallinen Gußblock gewonnen werden. Für alle kristallinen Solarzellen gilt, daß die kammartigen Kontaktstege auf der blauschimmernden Vorderseite den Minuspol bilden, während die Rückseite den Pluspol darstellt.

3 Die neueste Technologie stellen die **amorphen** Dünnschichtsolarzellen dar. In ihrer Oberfläche erinnern sie an einen getönten Spiegel. Sie werden häufig in Taschenrechnern und Solaruhren eingesetzt. Auch als Module finden sie immer mehr Verbreitung. Sie zeichnen sich besonders durch ihre Leistungsfähigkeit bei direkter und diffuser Lichteinwirkung aus.

Solarmodule gibt es in zahlreichen Ausführungen von etwa 2 Watt zum Laden von Batterien bis hin zu 60 Watt für den Einsatz in mittleren und größeren Anlagen.

Darüber hinaus unterscheiden sie sich auch noch in der Ausführung der Schutzgehäuse. Neben einer für unsere Klimaverhältnisse ausreichenden Witterungsbeständigkeit und der Eignung für einfache mechanische Belastung, gibt es Gehäuseausführungen für spezielle Einsatzmöglichkeiten.

So ermöglichen beispielsweise die Eigenschaften seewasserfest und begehbar auch den Einsatz auf Segelschiffen, wo sie zur Stromversorgung und zum Laden der Batterie eingesetzt werden können.

Klebbare Solarmodule eignen sich besonders zur Anbringung auf Wohnmobilen und Wohnwägen. Mit ihrem Einsatz kann auch bei längerer Abwesenheit der optimale Ladezustand der Bordakkus sichergestellt werden.

Materialkunde: Solarladeregler

Solarladeregler

1 In den meisten photovoltaischen Anlagen wird die im Solarmodul gewonnene elektrische Energie nicht direkt an die Verbraucher weitergegeben, sondern in einem **Bleiakkumulator** zwischengespeichert. Dies hat zum einen den Vorteil, daß Energie auch im ausreichend Maße zur Verfügung steht, wenn das Solarmodul wegen fehlender Einstrahlung gerade einmal weniger Leistung zeigt als momentan benötigt wird. Zum anderen dient es auch zum Schutz der angeschlossenen 12-V-Geräte, wenn bei intensiver Sonneneinstrahlung die Spannung des Solarmoduls auf 16 V steigt.

2 Das Verbindungsglied zwischen Solarmodul, Akkumulator und den Verbrauchern bildet der **Laderegler.** Seine wichtigste Aufgabe ist es, mittels eines Überladeschutzes die Überladung des Bleiakkumulators zu verhindern. Diese würde eintreten, wenn der Ladevorgang trotz bereits erfolgter Vollladung des Akkumulators weiter fortgeführt wird. Erkennbar ist dies daran, daß der Akku zu gasen beginnt, was umgangssprachlich meist als »kochen« bezeichnet wird. Ein starkes und unkontrolliertes Gasen muß unbedingt ver-

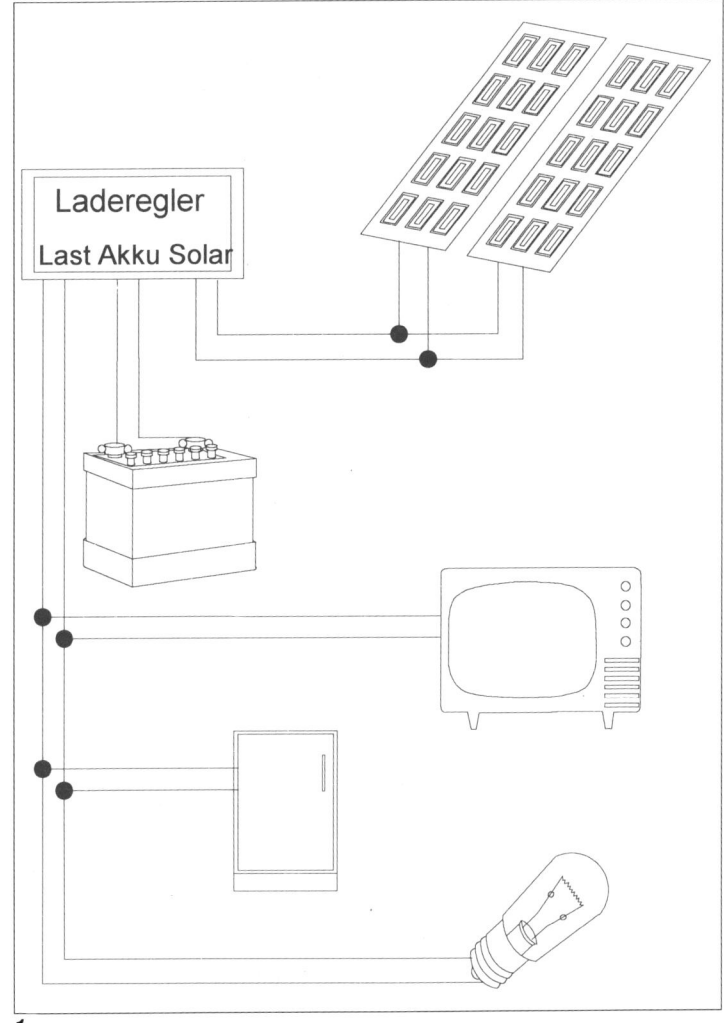

1

Materialkunde: Solarladeregler

2

mieden werden, da er zu einer Schädigung des Akkus führen kann.

Die einfachste Möglichkeit, ein Gasen zu verhindern, ist das Abschalten des Ladestroms bei erreichen der sogenannten Akku-Gasungsspannung (14,1 V). Laderegler, die nach diesem Prinzip arbeiten, sind relativ kostengünstig. Sie haben jedoch den Nachteil, daß dadurch der Akkumulator nicht immer optimal aufgeladen wird.

Geeigneter sind sogenannte **IU-Kennlinien**-Ladegeräte. Der Ladevorgang wird nach Erreichen der Akku-Ladeendspannung nicht abgebrochen, sondern unter Reduzierung des Ladestroms so lange weitergeführt, bis eine vollständige Ladung des Akkumulators erreicht ist. Die Höhe des Ladestroms ist dabei so bemessen, daß ein Gasen unterbleibt. Dadurch kann ein schnelles und vollständiges Aufladen des Akkumulator erfolgen.

Da der Gasungsbeginn eines Akkumulators auch von der Außentemperatur mitbestimmt wird, passen qualitativ hochwertigere Laderegler durch einen im Regler integrierten Sensor die Ladeendspannung in Form einer **Gasungssteuerung** automatisch der Umgebungstemperatur an.

So schädlich ein unkontrolliertes Gasen für den Akku ist, besteht andererseits auch die Gefahr, daß sich eine ebenfalls schädliche Säureschicht ausbildet, wenn ein Bleiakku lange Zeit ohne jede Gasentwicklung betrieben wird. Die Säureschicht kann durch kontrolliertes Gasen wieder abgebaut werden. Die Gasungssteuerung wird immer dann aktiviert, wenn der Akku einmal tiefer entladen war.

Akkus müssen nicht nur vor Überladung, sondern auch vor Tiefentladung geschützt werden. Der **Tiefentladeschutz** erfolgt durch automatisches Abschalten der Verbraucher, wenn die Entladeschlußspannung unterschritten wird. Ist der Ladezustand wieder ausreichend, werden die Verbraucher automatisch zugeschaltet. Bei der Auswahl der Laderegler muß neben den gewünschten Schutzfunktionen auch noch auf die Einsatzfähigkeit in der Solaranlage geachtet werden. Bestimmend sind im Anschlußbereich zu den Solarmodulen der maximale Modulstrom und die maximale Modulleistung; im Anschlußbereich zur Verbraucherseite der maximale Laststrom.

Materialkunde: Solarakkumulatoren

Solarakkumulatoren

Das Herz jeder netzunabhängigen Solarstromanlage ist der Solar-Akkumulator. Ähnlich wie der Starter-Akku im Kraftfahrzeugbereich handelt es sich auch beim Solarakku um einen Bleiakkumulator. Dennoch gibt es entscheidende Unterschiede in der Ausführung, die sich durch die verschiedenen Anforderungen im Arbeitsbetrieb ergeben. So stellt das permanente Laden und Entladen im Solarbetrieb eine hohe **zyklische Belastung** dar, die ein normaler Starterakku aus dem Kraftfahrzeugbereich nur ungenügend bewältigen könnte. So zeichnen sich Solarakkus denn auch besonders durch ihre hohe **Zyklenfestigkeit** aus.

Darüber hinaus zeigen sie einen hohen **Ladewirkungsgrad**, der dafür sorgt, daß sich die Ladezeiten verkürzen und eine vollständige Ausnutzung der gesamten Ladekapazität erreicht wird.

Besonders wichtig beim Einsatz des Solarakkus zur netzunabhängigen Stromversorgung ist auch die gegenüber herkömmlichen Starterakkus sehr geringe Selbstentladung. Sie kann bei herkömmlichen Bleiakkus immerhin pro Monat bis zu 4% betragen und bei längeren Stillstandzeiten zu einer schädlichen Unterladung führen.

Solarakkus verkraften aber auch eher Entladungen im Bereich der **Tiefentladeschwelle**, die bei Starterakkus rasch zur endgültigen Unbrauchbarkeit führen würden.

Solarakkumulatoren gibt es in verschiedensten Kapazitäten, je nach den Notwendigkeiten des geplanten Einsatzes. Für die Dimensionierung in Verbindung mit den Solarmodulen gilt als Faustregel, daß die Kapazität etwa doppelt so groß sein soll, wie die Leistung des Solarmoduls. Für ein 53 W Modul benötigen Sie also eine Solarakkukapazität von 100 Ah. Die Angaben der **Kapazität** erfolgt üblicherweise in zwei Werten: C20/C100, 80/95 Ah. Dies bedeutet, daß der Solarakku bei einer Entladezeit von 100 Stunden eine Kapazität von 95 Ah aufweist, bei einer Entladezeit von 20 Stunden jedoch nur noch 80 Ah.

Neben der Anpassung an die vorhandene Solarenergiequelle muß auch der Strombedarf der Verbraucher bei der Auswahl der Kapazität des Solarakkus berücksichtigt werden. Dabei ist bei der Berechnung zu unterscheiden zwischen Geräten mit Dauerbetrieb und Geräten, die nur zeitweise betrieben werden.

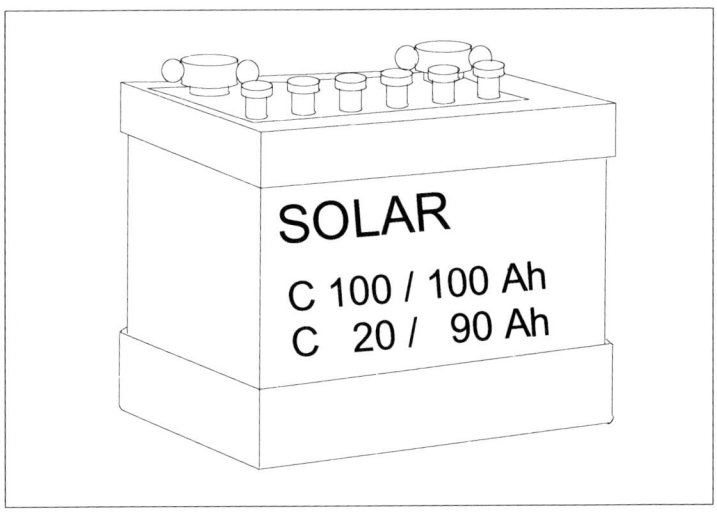

Materialkunde: Energiesparverbraucher

Energiesparverbraucher

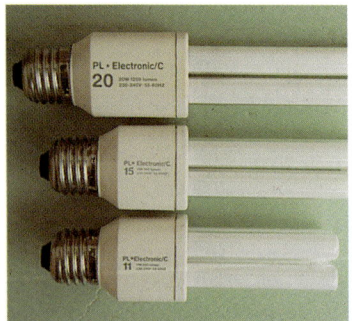

1

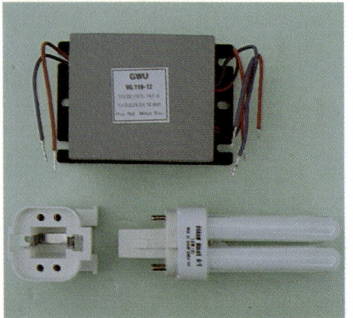

2

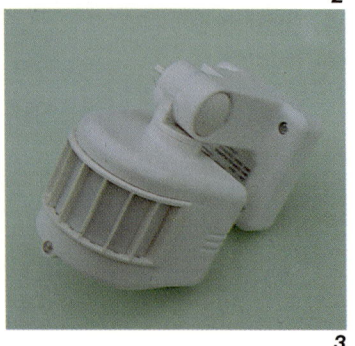

3

Voraussetzung für den erfolgreichen Betrieb einer Photovoltaikanlage ist neben dem bewußt sparsamen Umgang mit der Stromenergie der Einsatz von Energiespargeräten. Der Verzicht darauf müßte mit zusätzlichen teuren Solarmodulen ausgeglichen werden, um die benötigte Gesamtenergie zu erreichen.

1 Für die Hauslichtanlage werden bereits seit längerem **Energiesparlampen** zum Einsatz im 220-V-Hausnetz angeboten. Sie zeichnen sich dadurch aus, daß sie bei vergleichbarer Lichtleistung weniger Stromenergie benötigen, als die herkömmlichen Glühbirnen. Dem zunächst hoch erscheinenden Anschaffungspreis steht eine erheblich längere Betriebsdauer gegenüber, so daß die Anschaffung letztlich sogar Geld spart. Für den Solarbereich werden diese Lampen auch in 12-V-Ausführung angeboten.

2 Eine zusätzliche Einsparmöglichkeit besteht darin, Energiesparlampen mit einem getrennten Vorschaltgerät zu erwerben. Bei einem notwenigen Austausch der Lampe kann so der Elektronikteil weiterverwendet werden. Für die Erstanschaffung bieten sich **12-V-Energiesparlampen-Sets** an. Passende Ersatzlampen stehen zur Verfügung.

3 Eine weitere Einsparung kann sich im Bereich der Außenbeleuchtung, aber auch in Hausgängen oder Treppenbereichen durch die Verwendung von **Infrarot-Bewegungsschaltern** ergeben. Damit wird die Lichtanlage nur dann in Betrieb gesetzt, wenn sich eine Person im Erfassungsbereich des Schaltersensors befindet. Die Abschaltzeit ist regulierbar und ermöglicht häufig ein Intervall von wenigen Sekunden bis hin zu einigen Minuten. Für Solarstromanlagen werden derartige Geräte mit einer 12-V-Betriebsspannung angeboten.

Auch andere Geräte, wie beispielsweise Kühlschränke, Waschmaschinen, Fernseher, Rundfunkempfänger o. ä. werden heute schon häufig in energiesparender Bauweise hergestellt und liegen bei gleicher Leistung im Stromverbrauch deutlich unter herkömmlichen Altgeräten. Achten Sie deshalb immer auf die in der Betriebsanleitung angegebenen Verbrauchswerte.

Materialkunde: Elektroinstallationsmaterial

Elektroinstallationsmaterial für Photovoltaikanlagen

1 Bei der Installation von Solaranlagen sollte besonderes Augenmerk auf die Verbindungskabel gelegt werden, um unnötigen Verlust von Stromenergie zu vermeiden. Empfohlen werden können Gummischlauchleitungen mit der Bezeichnung **HO7RN-F**, die für mittlere mechanische Beanspruchung in allen Bereichen zugelassen sind und auch fest verlegt werden können. Sie werden mit 2-7 Adern und Querschnitten von 1-300 mm^2 angeboten. Der Querschnitt ist ein wichtiges Merkmal bei der Auswahl. Er ist abhängig von der Anzahl der angeschlossenen Solarmodule und der benötigten Leitungslänge. Bei einer Leitungslänge von 20 Metern und dem Einsatz eines Solarmoduls (3A) genügt zur Verbindung von Modul und Akku ein Querschnitt von 2,5 mm^2. Werden zwei Solarmodule angeschlossen, sollten ab 10 Metern Leitungslänge 4 mm^2, ab 20 Metern 6 mm^2 gewählt werden. Diese Werte gelten auch auf der Verbraucherseite, wobei grundsätzlich darauf zu achten ist, daß Kabellängen von 10 Metern möglichst nicht überschritten werden.

2 Für den Anschluß zum Solarakkumulator eignen sich anschraubbare **Batterieklemmen** oder sogenannte Batterieschnellkupplungen.

3 Zur Absicherung von 12-V-Solaranlagen eignen sich **FKS-Flachsicherungen** mit Sicherungskästen aus dem Kfz-Bereich und sichtbarem Schmelzleiter. Die Sicherungswerte orientieren sich an den Zuleitungsquerschnitten und den maximalen Verbraucherströmen.

4 Steckeranschlüsse erfolgen über **Flachstecker oder Universalstecker** und Steckdosenleisten, wie sie ebenfalls aus dem Kfz-Bereich bekannt sind.

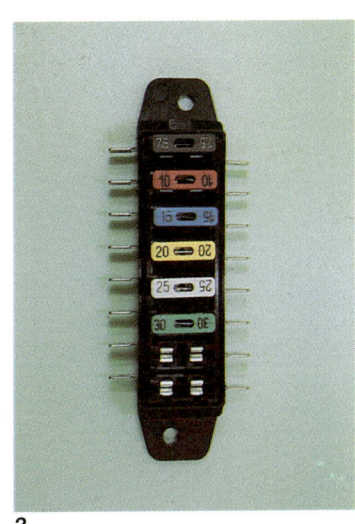

2

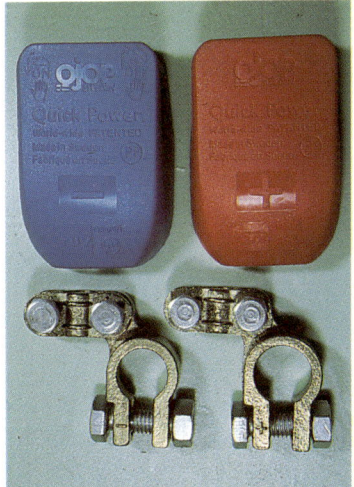

1

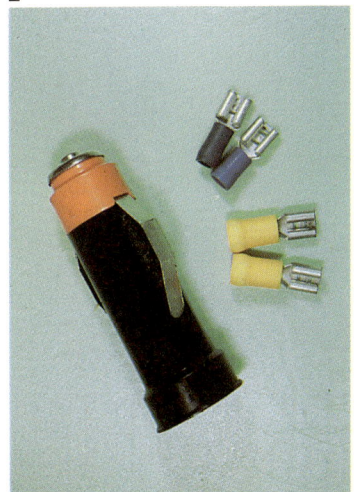

3

Werkzeugkunde

Alle benötigten Werkzeuge

Auf diesen beiden Seiten finden Sie Kurzbeschreibungen der wichtigsten Werkzeuge, die man zum Einbau von Solaranlagen und Wärmepumpen benötigt. Welche Werkzeuge Sie für die einzelnen Arbeitsgänge und -anleitungen brauchen, ersehen Sie aus den Abbildungen unter der Rubrik »Werkzeuge«, die Sie bei den jeweiligen Arbeitsanleitungen finden.

Universalwerkzeuge

1 Cuttermesser: Für Schneidearbeiten aller Art.

2 Feile: Zum Entgraten von Schnittstellen aller Art, z. B. an Stahl-, Kupfer- und Kunststoffrohren.

3 Pinsel: Verschiedene Ausführungen, beispielsweise zum Auftragen von Flußmittel beim Verlöten von Kupferrohr oder zum Auftragen von Kleber und Farbe.

4 Stichsäge: Zum Bearbeiten leichter Materialien.

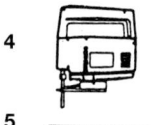

5 Zollstock: Zum Ausmessen von Leitungen und Rohren.

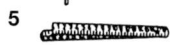

6 Bohrmaschine: Zum Bohren in Holz, Metall und Mauerwerk.

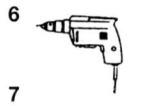

7 Eisensäge: In den Metallbügel können Sie die Eisensägeblätter in vier verschiedene Richtungen einspannen. Sie wird hauptsächlich zum Absägen von Metallrohren benutzt.

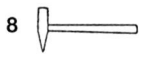

8 Hammer: Universalwerkzeug.

9 Kombizange: Universalzange für die verschiedensten Anwendungen.

10 Schraubenzieher: Einschrauben von Flachschlitz- oder Kreuzschlitzschrauben.

11 Wasserwaage: Zum Ausrichten von Einbauteilen.

12 Holzsäge: Zum Zuschneiden von Holzrahmenteilen etc.

13 Tacker: Um auf Sparren, Pfetten und anderen Vierkanthölzern Dichtbänder zu befestigen, benutzen Sie am schnellsten und sichersten den Tacker.

14 Auspreßpistole: Mit der Auspreßpistole verfüllen Sie leicht alle Fugen mit Silikon-Dichtungsmasse.

Werkzeug für Wasserinstallation

15 Rohrzange: Schwere – bis zu 1 m lange – Zange. Mit ihr können Rohre und Verschraubungen gefaßt werden. Die Greifgröße ist einstellbar. Die Zange muß in der Drehrichtung angesetzt werden und spannt sich beim Anziehen selbst.

16 Rohrabschneider: Er dient zum sauberen Trennen von Kupferrohren; in schwerer Ausführung auch für Stahl-

Werkzeugkunde

rohre geeignet. Häufig sind im Griff auch noch Entkratzungsklingen integriert.

17 Stahlwolle: Mit ihr werden Metalloberflächen gereinigt, besonders beim Verlöten von Kupferrohren werden die zu verbindenen Teile sorgfältig damit abgerieben.

18 Lötbrenner: Zum Löten bei Rohrenden und Fittings.

19 Schraubstock: Universalspanngerät.

20 Rohrspanngerät: Der Fachmann benutzt es zum Absägen, Biegen und Gewindeaufdrehen bei Rohren. Die Spannbacken sind keilförmig und greifen ineinander über. Dadurch wird das Werkstück an vier Punkten gehalten und kann sich nicht verformen.

21 Eimer: Auffangbehälter für Leitungs- und Abwasser bei Reparaturen und Wartungsarbeiten.

22 Lappen: Er eignet sich nicht nur zum Aufwischen von Flüssigkeiten, sondern ist auch als Griffhilfe bei Verschraubungen sehr praktisch, die mit der Hand zu lösen sind.

23 Fäustel: Verwenden Sie ihn für einfache Stemmarbeiten von Hand.

24 Meißel: Er ist für einfachere Arbeiten von Hand nützlich. Verwenden Sie am besten einen mit Gummiring, der als Verletzungsschutz dient.

25 Gehrungslade: Sie ist hilfreich, um das Dämmaterial für die Rohrleitungen paßgenau zuzuschneiden.

26 Schutzbrille: Unbedingt bei allen Stemmarbeiten zu tragen. Sie schützt Ihre Augen vor abspringenden Mauerbrocken und Metallgraten beim Winkelschleifereinsatz.

27 Winkelschleifer: Der Winkelschleifer mit einer Metallschrubscheibe eignet sich besonders, um große oder tiefgehende Roststellen an Metallen zu entfernen.

Werkzeug für Elektroinstallation

28 Quetschzange: Alle Quetschverbindungen bei Niederspannungsleitungen können Sie mit einer Quetschzange – auch Aderendhülsenpreßzange genannt – herstellen.

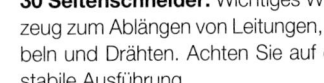

29 Phasenprüfer: Einfaches und preisgünstiges Prüfgerät in Schraubenzieherform. Im Griff ist eine Glimmlampe integriert. Er dient zum Anzeigen der stromführenden Phase.

30 Seitenschneider: Wichtiges Werkzeug zum Ablängen von Leitungen, Kabeln und Drähten. Achten Sie auf eine stabile Ausführung.

Grundkurs: Rohre einspannen

Rohre einspannen

Zur Anbindung der Sonnenkollektoren an das Brauchwassersystem oder die bestehende Heizanlage müssen Rohrleitungen erstellt werden. Dies wird wesentlich erleichtert, wenn eine sichere Fixierung des Werkstücks vorhanden ist.

1 Wenig geeignet ist ein normaler **Maschinenschraubstock,** da die geradflächigen Backen der Rohrrundung nicht genügend Auflagefläche bieten, um ausreichenden Halt zu gewährleisten. Ein Wegrutschen des Werkstückes ist nur durch übermäßiges Einspannen zu verhindern. Bei Kupfer- oder Plastikrohren kann das zu Verformungen des Rohrmaterials führen.

2 Für Heimwerker, die nur selten an Rohren arbeiten, sind aufsetzbare Rohrspannbacken eine preiswerte Möglichkeit, sicheren Halt für die Bearbeitung ihrer Rohrwerkstücke zu erreichen. Bei der Auswahl sollte aber darauf geachtet werden, daß sie für den benötigten Rohrdurchmesser geeignet sind.

3 Wird häufiger mit Rohrmaterial gearbeitet oder müssen Rohre mit unterschiedlichen Maßen bearbeitet werden, so ist der **Rohrschraubstock** die ideale Lösung.

Grundkurs: Kupferrohre

Kupferrohre ablängen und verlöten

1 Für das Ablängen von Kupferrohren eignet sich ein **spezieller Rohrabschneider**. Er ermöglicht exakte, fast gratfreie Schnittstellen, so daß aufwendige Nacharbeiten zur Schnittstellenbegradigung und Entgratung entfallen. Der Nachteil besteht darin, daß Schneidegeräte in verschiedenen Größen für unterschiedliche Rohrdicken nötig sind.

2 Eine einfache Alternative zum Rohrschneider stellt die altbewährte **Eisensäge** dar. Die Handhabung erfordert allerdings einen gewissen Krafteinsatz, der gerade bei umfangreichen Schneidearbeiten ins Gewicht fällt. Darüber hinaus erfordert eine exakte Schnittführung doch eine gewisse Fertigkeit.

3 Für Maschinenwerker bietet sich die Möglichkeit, Trennschnitte mit dem **Winkelschleifer** auszuführen. Leichte Ungenauigkeiten in der Schnittführung lassen sich nachträglich noch mit der Trennscheibe regulieren. Größere Schnittabweichungen können mit der Schruppscheibe begradigt werden.

4 Grate, die besonders bei der Benutzung von Säge oder Winkelschleifer entstehen, müssen sowohl außen als auch innen mit ei-

1

2

3

Grundkurs: Kupferrohre

4

5

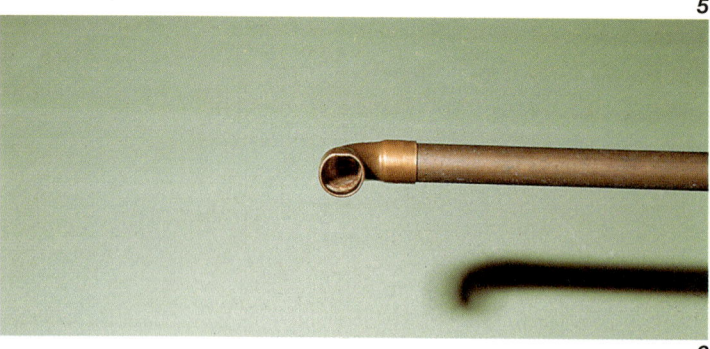

6

ner **Feinfeile** beseitigt werden, um Strömungswiderstände und Korrosionsanfälligkeit zu verhindern.

5 Nach dem Ablängen und Entgraten des Rohrstücks müssen alle Metallspäne durch Ausspülen oder mittels **Druckluft** aus der Rohrinnenwandung entfernt werden.

6 Nun können die Vorbereitungen zum Verlöten der Rohrverbindungsteile getroffen werden. Der hier angeführte Lötvorgang wird als **Weichlöten** bezeichnet und kann im Gegensatz zum Hartlöten, das höhere Temperaturen erfordert, mit einer einfachen Campinggaslötlampe ausgeführt werden. Voraussetzung für eine einwandfreie Verbindung ist, daß die Verbindungsbereiche unversehrt sind. Bereits geringe Abweichungen von der **Maßhaltigkeit** sowohl der Kupferrohrenden als auch der Fittings, wie sie bereits durch Herabfallen oder zu unsanftes Aufsetzen am Boden entstehen, würden den Kapillareffekt, auf dem dieses Lötverfahren beruht, stören und eine erfolgreiche Verbindung gefährden.

7 Ähnliche Auswirkungen treten auf, wenn die Rohrleitungen unter zu großer Spannung zusammen-

Grundkurs: Kupferrohre

gesteckt werden. Deshalb sollte bei längeren Rohrstücken eine entsprechende **Fixierung** stattfinden.

8 Die Oberfläche des Kupferrohrs muß nun mit feiner **Stahlwolle** von ihrer Oxydationsschicht befreit werden, bis sie metallisch blank erscheint. Führen Sie diesen Arbeitsvorgang gewissenhaft aus, denn davon hängt es ab, ob das Lot beim Erwärmen in die dünnen Zwischenräume der Verbindungsstücke einfließt oder in Perlen abtropft.
Der Bereich, der gereinigt werden muß, umfaßt den Teil des Rohrendes, der in der Aufnahmehülse des Fittings liegt und sollte etwa einen Zentimeter darüber hinausgehen.

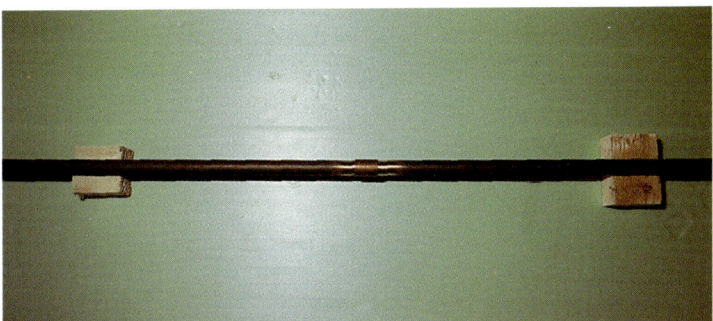
7

9 Das blanke Rohrende muß nun mit einem **Flußmittel** versehen werden, das Sie entweder mit einem Pinsel auftragen oder, wie in der Abbildung gezeigt, direkt aus der Tube abstreichen. Für Trinkwasserinstallationen dürfen nur dafür zugelassene Flußmittel benützt werden. Die Anwendungsmerkmale der verwendeten Produkte müssen unbedingt beachtet werden.

8

10 Stecken Sie nun Rohrende und Fitting bis zum Anschlag zusam-

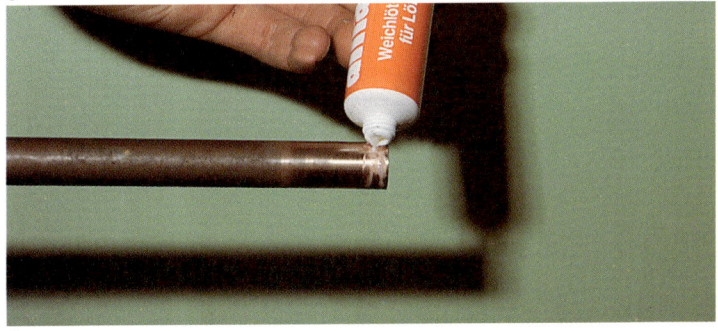
9

Grundkurs: Kupferrohre

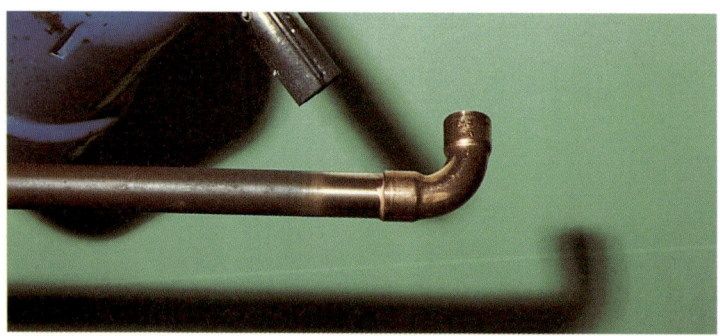

10

11

12

men und erwärmen Sie den **Verbindungsbereich.** Besonders bei größeren Rohrdurchmessern sollten Sie darauf achten, daß dies gleichmäßig von allen Seiten geschieht. Brandgefährdete Umgebungsmaterialien schützen Sie mit fester Alufolie, Steinplatten etc.

11 Wenn das Flußmittel anfängt Blasen zu werfen und leichter Rauch entsteht, ist die Arbeitstemperatur erreicht. Streichen Sie nun mit dem Lötdraht am Verbindungsspalt zwischen Rohrende und Fitting entlang. Bei Kontakt mit der Kupferoberfläche fängt das Lötzinn sofort an zu verlaufen und wird durch die **Kapillarkräfte** in den Zwischenraum aufgesogen und vollständig verteilt. Wenn sich am Rand des Zwischenraums ein Lötflüssigkeitsring gebildet hat, beenden Sie die Wärmezufuhr durch die Lötflamme, da sonst das Lötzinn überläuft und abtropft. Die Kapillarkräfte ermöglichen auch ein Löten von senkrechten Rohrverbindungen, ohne daß ein Herablaufen des Lötzinns zu befürchten ist.

12 Sollen mehrere Lötverbindungen an einer Stelle ausgeführt werden, so ist es sinnvoll, dies in einem Arbeitsgang durchzuführen. Erwär-

Grundkurs: Kupferrohre

men Sie dazu den gesamten Arbeitsbereich gleichmäßig und führen Sie beim **Lötzinnauftrag** noch gezielt Wärme an der entsprechenden Stelle zu.

13 Bei Lötverbindungen mit Werkstücken größerer Materialstärken, z. B. Schraubmuffen und Absperrventilen, ist es sinnvoll, die Wärmezufuhr auf diese Bereiche zu konzentrieren. Durch die **Wärmeleitfähigkeit** des Metalls wird genügend Wärme an das innenliegende Rohrende abgegeben. Vergessen Sie nicht, vor dem Lötvorgang hitzeempfindliche Dichtringe oder Plastikhebel zu entfernen.

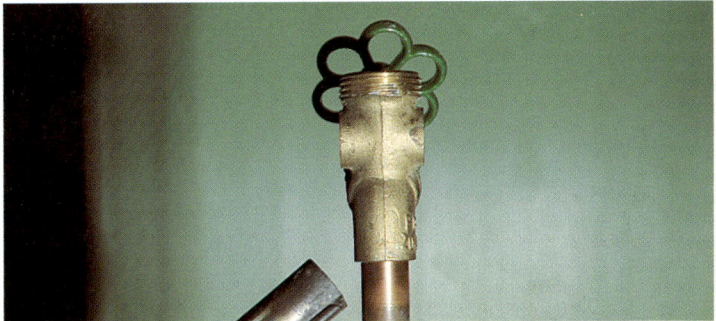
13

14 Nach Beendigung des Lötvorgangs muß die Lötstelle vom Flußmittel gereinigt werden, da sonst starke **Korrosionsanfälligkeit** besteht. An der Außenseite geschieht dies mit einem feuchten Lumpen, die Innenseiten müssen mit Wasser durchgespült werden.

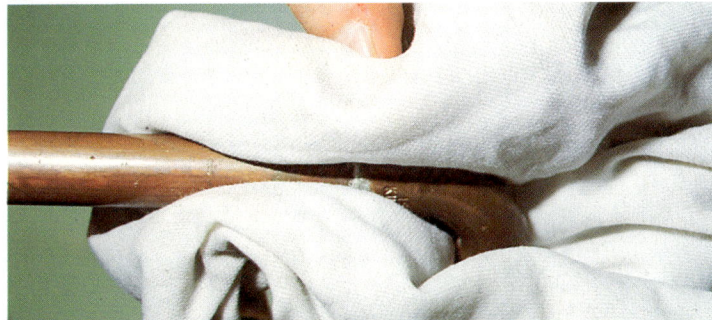
14

15 Eine nachträgliche Reparatur undichter Lötstellen ist im allgemeinen nur bedingt erfolgreich, allerdings läßt sich eine Lötstelle durch starke **Wärmezufuhr** wieder lösen und mit neuen Verbindungsstücken sachgerecht herstellen.

15

Grundkurs: Rohrverbindungen

Rohrverbindungen herstellen

1

3

2

4

Neben dem Weichlöten ist die Schraubverbindung die gebräuchlichste Form, **Rohrverbindungen** herzustellen. Aber in bestimmten Arbeitsbereichen ist auch die Quetsch- und Schneidringverbindung häufig anzutreffen.

1 Bei Schraubverbindungen erfolgt die Fixierung der Verbindungsteile durch das Ineinandergreifen der **Gewindezähne** eines außen- und eines innenliegenden Gewindes.

2 Die Abdichtung muß zusätzlich durch ein **Dichtmittel** wie Hanf oder Silikondichtband erfolgen, das zwischen die beiden Gewindebereiche eingebracht werden muß.

3 Um ein Herausdrehen des Dichtmittels beim Verschrauben zu verhindern, müssen die **Gewindespitzen** mit einer Raspel, einem Metallsägeblatt o. ä. aufgerauht werden, falls das nicht werkseitig erfolgt ist.

4 Zum Abdichten mit dem **Dichtungsband** umwickelt man den gesamten Außengewindebereich nun mit etwa 2 bis 3 Lagen.

5 Bei der Verwendung von **Hanf** als Dichtmittel, wird zuerst aus

Grundkurs: Rohrverbindungen

dem Hanfzopf eine dünne Strähne abgezogen, die so bemessen sein sollte, daß die gesamte Gewindefläche bedeckt wird. Ein nachträgliches Anbringen von zusätzlichem Hanf ist zu unterlassen, da hierdurch die Dichtigkeit der Schraubverbindung gefährdet ist.

6 Die Hanfsträhne wird am Gewinde angesetzt. Mit der einen Hand wird durch **Fixieren** ein Abrutschen verhindert, mit der anderen wickelt man den Hanf im Uhrzeigersinn vom Gewindeanfang zum Ende hin straff auf. Dabei soll der Hanf nicht als Wulst sondern als breitgefächertes Band über das Gewinde gelegt werden.

7 Das Ende der Hanfsträhne wird mit einer **Dichtmasse** fixiert.

8 Mit dem Finger wird die Dichtmasse gleichmäßig über den Gewindebereich verstrichen, wobei die Enden der Hanfsträhnen eingearbeitet werden können.

9 Nun wird der **Fitting** angesetzt und so weit aufgedreht, wie es mit der Hand möglich ist.

10 Für das weitere Eindrehen muß das Rohr in einen Schraubstock

5

7

6

8

Grundkurs: Rohrverbindungen

9

11

10

12

eingespannt und der Fitting mit einer Rohrzange gegriffen werden.

11 Bei Arbeiten an einem verlegten Rohrsystem wird an Stelle des **Schraubstockes** eine zweite Rohrzange benötigt.

12 Eine sichere Verbindung ist hergestellt, wenn mindestens 2/3 des Rohrgewindes durch die Muffe verdeckt ist und dies unter deutlichem **Krafteinsatz** erreicht wurde.

13/14 Die **Quetschringverbindungen** kommen ohne zusätzliche Dichtmittel aus. Die Abdichtung erfolgt durch einen beiliegenden Weichmetallring oder verschiedene Metallringe und Gummidichtungen. Diese Art der Verbindung wird vorwiegend zum Anschluß von Zierarmaturen verwendet. Der Vorteil dieser Verbindungsart liegt besonders darin, daß bestehende Rohrsysteme z. B. bei Reparaturen auch noch nachträglich ergänzt oder verändert werden können, da kein Drehen der Verbindungsteile notwenig ist. Der Arbeitsaufwand bei der Herstellung dieser Art von Verbindungen reduziert sich auf ein Zusammenstecken der Leitungen und ein Zudrehen der Überwurfmuttern.

Grundkurs: Rohrverbindungen

13

14

Grundkurs: Rohrleitungen

Rohrleitungen legen

1

3

2

4

Um die Solaranlage auf dem Dach mit der Heizungsanlage, die sich meist im Keller befindet, zu verbinden, benötigt man zwei **Rohrleitungen**, einen Vor- und einen Rücklauf. Bei Neubauten ist dafür bereits in der Planung ein Schacht vorzusehen, der auch noch andere Versorgungsleitungen beinhaltet. Wenn Sie nicht das Glück haben, einen stillgelegten Kamin als Rohrschacht benützen zu können, ist bei bestehendem Baukörper die nachträgliche Verlegung oft nur in Form von Überputzmontage und durch Mauerdurchbrüche zu bewerkstelligen.

1 Vergewissern Sie sich vor dem Beginn der Arbeiten immer, daß an der vorgesehenen Durchbruchsstelle keine verborgenen **Versorgungsleitungen** liegen. Wenn keine Leitungspläne vorhanden sind, leisten handelsübliche Leitungssuchgeräte gute Dienste, Wasser- oder Elektroleitungen aufzuspüren. Bei Deckendurchbrüchen kann damit auch der Verlauf der Armierungsgitter in Betonmauerwerk festgestellt werden.

2 Schnell, sauber und preiswert gestalten sich Mauerdurchbrüche durch Verwendung leistungsstar-

Grundkurs: Rohrleitungen

ker Drehbohrhämmer und spezieller **Mauerdurchbruch-Bohrer**. Da diese Werkzeugteile in der Anschaffung sehr teuer sind, lohnt sich die Verwendung nur, wenn die Möglichkeit besteht, sie kurzzeitig auszuleihen.

3 Bei leichtem Mauerwerk sind auch Hammer und **Meißel** geeignet. Die Meißellängen müssen sich an den Mauerstärken orientieren.

4 Achten Sie generell darauf, daß der Durchbruch so bemessen ist, daß noch genug Platz für die Rohrisolierung bleibt. Sie dient nicht nur der Wärmeisolierung, sondern verhindert auch die **Resonanzübertragung** an das Mauerwerk.

5 Die Verwendung von **Montageschaum** erleichtert die Isolierung der Rohrteile innerhalb der Durchbruchsstelle. Außerdem gewährleistet er eine sichere Fixierung und fungiert als Putzträger.

6 Die Befestigung der Rohrleitungen an Wänden erfolgt mit **Rohrhaltern**. Bei der Verankerung in harten Wänden, wie zum Beispiel in Beton, verwenden Sie schraubbare Rohrhalterungen, die sie nach dem Setzen des Dübels einfach einschrauben können. Für senkrecht verlaufende Rohre genügen ein bis zwei je Stockwerk. Waagrecht liegende Leitungen befestigen Sie je nach Rohrduchmesser im Abstand von ca. 1 m (15 mm) bis etwa 1,5 m (28 mm).

7 Bei Rohrhaltern ohne elastische Auflage müssen Sie das Rohr am Befestigungspunkt mit **Filz** o. ä. umwickeln, damit es in der Halterung arbeiten kann. Dies ist besonders bei Kupferrohrleitungen notwendig, da diese eine beträchtliche Wärmeausdehnung besitzen.

6

5

7

Grundkurs: Isoliermaterialien

Isoliermaterialien bearbeiten

1

2

3

Die bei Solaranlagen verwendeten **Isoliermaterialien** können grundsätzlich in drei verschiedene Kategorien eingeteilt werden: Weichschaum-, Hartschaum- und Fasermaterialien. Sie kommen vorwiegend in Röhren- oder Plattenform vor. Von der Form und dem Material hängt die jeweilige Bearbeitungsart ab.

1 Platten aus Hartschaum bearbeiten Sie am günstigsten mit der **Elektrostichsäge** oder der **Kreissäge**. Letztere birgt allerdings eine gewisse Unfallgefahr in sich, da es bei stationären Kreissägen durch die extreme Leichtigkeit des Dämmaterials zum Flattern des Werkstücks kommen kann, bzw. bei Handkreissägen ein Abweichen von der geplanten Schnittlinie möglich ist. Letzteres gilt auch für die Bearbeitung mit der Stichsäge. Achten Sie deshalb beim Schneidevorgang besonders auf exakte Führung und geeignete Fixierung des Werkstückes.

2 Platten aus Fasermaterialien lassen sich am geeignetsten mit einem sehr scharfen **Messer** mit langer Klinge bearbeiten. Die Schnittlinie wird dazu mit einer Metall- oder Holzlatte markiert, mit der

Grundkurs: Isoliermaterialien

man zusätzlich das Dämmaterial so eng wie möglich zusammenpreßt. Dadurch wird eine exakte Schnittkante garantiert.

3 Rohrförmige Dämmstoffe aus Weichschaum- oder Fasermaterialien werden ebenfalls mit einem scharfen Messer bearbeitet. Eine **Gehrungslade** mit den verschiedenen Winkeleinteilungen ermöglicht saubere Schnitte.

4 Die Bearbeitung von rohrförmigen Dämmstoffen aus Hartschaum erfolgt am leichtesten mit einer **Eisensäge**. Auch hier ist eine Gehrungslade unumgänglich.

5 Rohrisolierungen an Leitungswinkeln müssen notfalls in einzelnen **Teilstücken** ausgeführt werden, falls nicht bereits Fertigteile angeboten werden.

6 Bei 90°-Krümmungen ist die Anzahl der **Kerbschnitte** durch den Krümmungsradius des Rohres festgelegt. Dieser läßt sich an einem Metermaß ablesen, wenn man es an das eine Ende der Krümmung ansetzt und mit dem Daumen das andere Krümmungsende anpeilt. In unserem Beispiel beträgt er etwa 2,5 cm.

4

6

5

7

Grundkurs: Isoliermaterialien

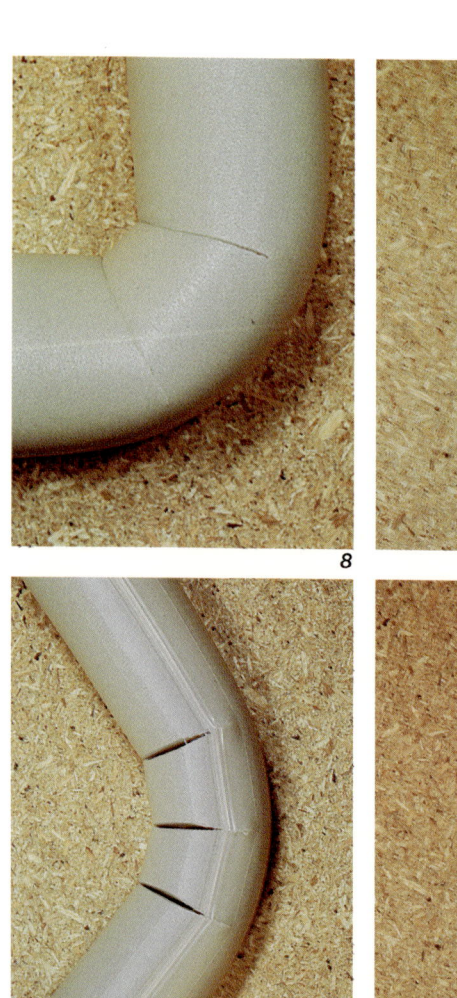

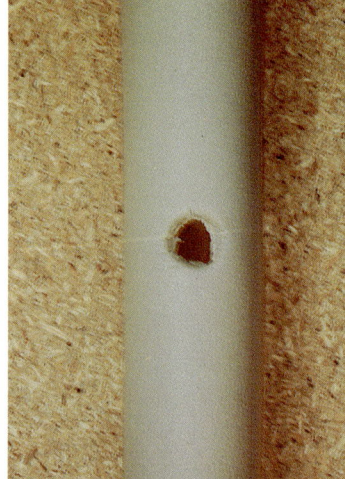

7 Krümmungsradien unter 2 cm erfordern einen Kerbschnitt im Winkel von 90°.

8 Krümmungsradien zwischen 2 cm und 5 cm erfordern zwei Kerbschnitte in einem Winkel von 45°.

9 Krümmungsradien über 5 cm erfordern drei Kerbschnitte im Winkel von 30°.

10 Bei der Isolierung von **T-Rohrstücken** wird zunächst ein Loch mit dem Durchmesser des abzweigenden Rohres in den Dämmantel geschnitten.

11 Dann wird mit einem scharfen Messer der **Verbindungsschnitt** von der Montagefuge zum Mantelloch geführt.

12 Das **Isolierungsteilstück** kann nun an der Schnittstelle aufgespreizt und auf das Rohr aufgezogen werden.

13 In einem weiteren Arbeitsschritt wird das **Anschlußstück** ausgekehlt, wobei die Rundung der Ansatzkante dem bereits verlegten Rohrmantel angepaßt werden muß.

Grundkurs: Isoliermaterialien

14 Den Abschluß bildet das Aufsetzen des Ansatzstückes, wobei die ausgekehlte Seite fest an die Rundung des **Aufnahmestückes** angepreßt wird.

15 Um Wärmeverluste zu unterbinden, müssen die Berührungsflächen von Anschlußstücken, Kerbschnitten und Montagefugen sorgfältig verklebt werden. Meist werden dazu **Zweikomponentenkleber** eingesetzt.

16 Einige Materialien besitzen allerdings bereits integrierte **Klebe- oder Schließvorrichtungen**.

13

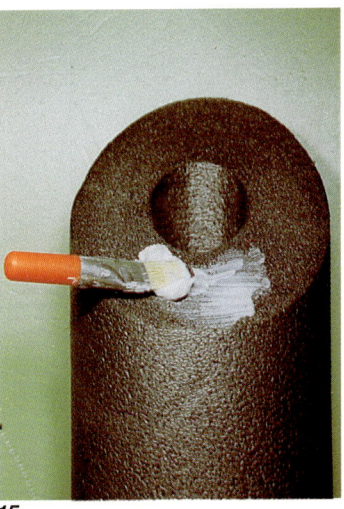
15

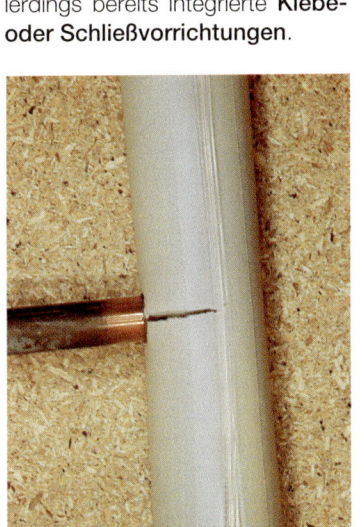
12

14

16

Grundkurs: Elektroinstallationen

Elektroinstallationen ausführen

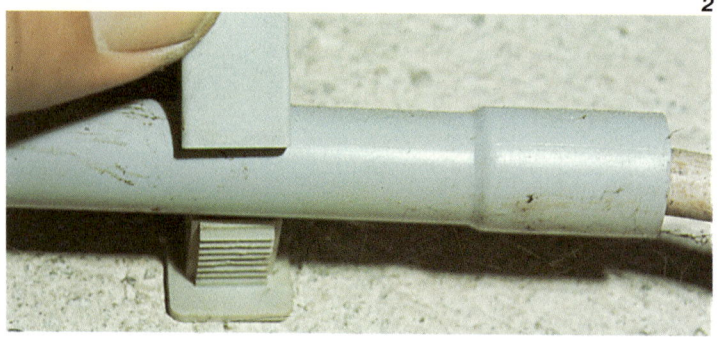

Grundsätzlich müssen Elektroinstallationen von einem zugelassenen Fachbetrieb ausgeführt werden. Wollen Sie die Arbeiten dennoch selbst übernehmen, so sollten Sie aus versicherungsrechtlichen Gründen wenigstens eine **Endabnahme** der fertigen Installation durch einen Fachbetrieb veranlassen. Die Kosten dafür sind nicht hoch und die meisten Fachbetriebe stehen auch während der Ausführung beratend zur Seite.

1 Bei nachträglichem Einbau von Elektroversorgungsleitungen, wie sie bei der Solaranlage benötigt werden, wird meist die **Vorwandinstallation** ausgeführt. Verlaufen die Leitungen in nichtrepräsentativen aber trockenen Gebäudeteilen, wie auf dem Dachboden oder im Keller, so greifen Sie bei Holz- oder Ziegelwänden auf einfache Nagelschellen zurück.

2 In Feuchträumen müssen **Abstandsschellen** benützt werden, die meist mit Dübel und Schrauben befestigt werden können, und sich deshalb auch für härtere Wände eignen. Bei senkrechter Leitungsführung erfolgt die Anbringung der Schellen im Abstand von etwa 40 cm, bei waagrechter Leitungs-

Grundkurs: Elektroinstallationen

führung im Abstand von ca. 25 cm. Bei Eingängen in Verteilerdosen, setzen Sie 10 cm vom Dosenrand entfernt eine Schelle. Eine Markierung des geplanten Leitungsverlaufs vor Beginn der Bohrarbeiten mittels Richtlatte oder Richtschnur erleichtert die Arbeit.

3 Optisch anspruchsvollere Ergebnisse werden erzielt, wenn die Leitungen in Kunststoffrohren verlegt werden. Eine Arbeitserleichterung tritt auch dadurch ein, daß die Abstände der Befestigungsclips weiter gewählt werden können. In der Waagrechten reichen etwa 40 cm, in der Senkrechten etwa 50 cm. Nach dem Setzen der Schellen werden die **Kunststoffrohre** über das Mantelkabel gezogen und in die Schelle eingeschnappt.

4 Für die nachträgliche Verlegung auch in repräsentativen Räumen sind **Kabelkanäle** besonders geeignet, die es inzwischen auch in farbiger Ausführung gibt. Sie werden einfach angedübelt und können nach der Aufnahme des Leitungskabels mit einem Schnappdeckel verschlossen werden. Die Größe des Leitungskanals bestimmt sich nach der Anzahl der aufzunehmenden Leitungen.

4

5

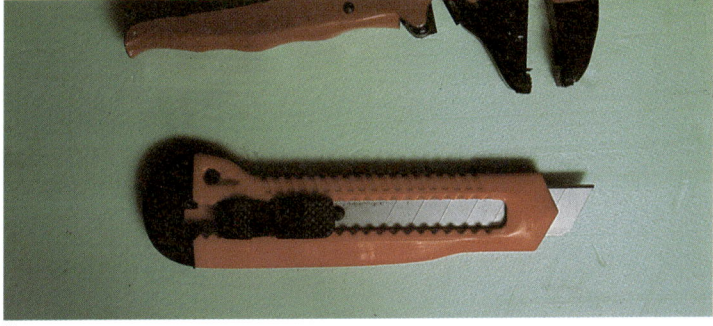

6

Grundkurs: Elektroinstallationen

7

8

9

5 Verzweigungen von Leitungen sollten grundsätzlich nur in **Verteilerdosen** erfolgen. Diese werden mit Schrauben montiert und zur Aufnahme der Kabel an den dafür vorgesehenen Stellen geöffnet. Qualitätsdosen beinhalten dafür eine spezielle Durchstoßhilfe, die auf das Kabelende aufgesetzt wird.

6 Zum **Abmanteln** oder Abisolieren elektrischer Leitungen werden diverse Spezialwerkzeuge angeboten. Mit etwas Übung können aber alle notwendigen Arbeiten mit einem scharfen Messer ordnungsgemäß ausgeführt werden. Eines aber müssen Sie beachten: Das abisolierte Drahtstück darf weder Einkerbungen noch Abrisse (bei Litze beispielsweise) aufweisen, weil dadurch Leitungsbrüche oder Leiterquerschnitt-Verkleinerungen eintreten können.

7 Zum Abmanteln ritzen Sie den **Leitungsmantel** über die entsprechende Länge gerade so weit ein, daß die innenliegenden Adern nicht verletzt werden. Die letzten 2 cm schneiden Sie den Mantel ganz auf.

8 Jetzt können Sie die Mantelhülle bequem abziehen, sie spaltet sich an der **Einkerbung** von selbst auf.

Grundkurs: Elektroinstallationen

9 Für das Abisolieren der einzelnen Adern ist diese Methode ungeeignet, da die **Gefahr der Einkerbung** zu groß ist. Setzen Sie hier mit dem Messer ganz flach an und ziehen Sie die Ader zwischen Messerklinge und gegendrückendem Daumen durch, so daß sich ein feiner Span der Isolierung abschält.

10 Knicken Sie nun die verbleibende Isolierung um und schneiden Sie sie ab.

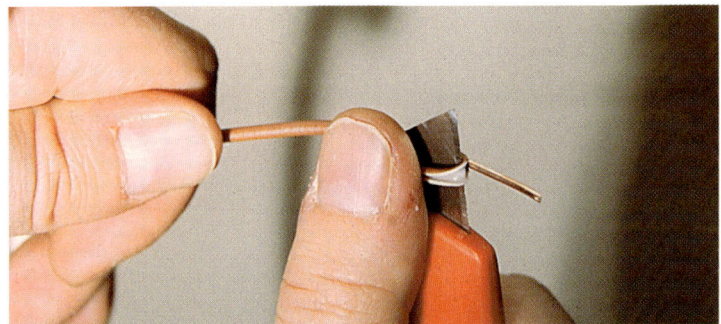
10

11 Das abisolierte Teilstück sollte gerade so lang sein, daß es von der Klemme, die zur Verbindung benutzt wird, ganz aufgenommen wird. Vermeiden Sie das Überstehen blanker Teile und vergewissern Sie sich nach dem **Verklemmen**, daß die Farben der verbundenen Drähte übereinstimmen (schwarz bzw. braun: Phase; blau: Nulleiter; gelb-grün: Erdung) und überprüfen Sie nach dem Verklemmen mehrerer Adern deren festen Sitz.

11

12 Rohrleitungen müssen immer mit einer **Erdungsschelle** versehen werden. Die elektrische Leitfähigkeit zwischen Rohr- und Schellenmaterial darf nicht durch isolierende Fremdkörper (Farbe, Klebstreifen etc.) gestört werden.

12

Grundkurs: Holzverbindungen

Holzverbindungen herstellen

Es gibt zahlreiche Möglichkeiten, Holzverbindungen herzustellen. Alle aufzuzählen und ausführlich zu besprechen, erforderte ein eigenes Buch. Dargestellt werden an dieser Stelle nur **Holzverbindungsarten**, die im Solaranlagenbau benötigt werden.

1 Die einfachste Art, zwei Holzteile zu verbinden, ist die **stumpfe Verbindung**. Dabei genügt es, an den beiden Stoßstellen lediglich eine gerade Schnittfläche herzustellen und die Teile in einem rechten Winkel zusammenzufügen. Verbunden werden kann dann entweder mittels Nägeln oder mit Leim und Holzdübeln oder durch selbsteindrehende Holzschrauben.

2 Beim Nageln erreichen Sie sicheren Halt der Verbindung besonders dann, wenn zwei schräg zueinander stehende **Nagelreihen** eingeschlagen werden. Dies verhindert ein Verwinden der zusammengefügten Teile bei Belastung. Eine angeklemmte Anschlagleiste verhindert das Verrutschen während der Bearbeitung.

3 Bei der Verwendung von **Holzdübeln** fixieren Sie zuerst die Verbindungsteile mit einer Schraub-

Grundkurs: Holzverbindungen

zwinge in der korrekten Endlage. Bohren Sie dann mit einem Holzbohrer, der sich im Durchmesser an der Größe der verwendeten Holzdübel orientiert, die Aufnahmelöcher bis zu einer Tiefe der halben Dübellänge. Zum Abschluß trennen Sie alle Teile wieder, bestreichen die Anschlußkanten und Innenbereiche der Bohrlöcher mit wasserfestem Holzleim, schlagen die Holzdübel ein und fixieren erneut in der korrekten Endlage, bis der Leim getrocknet ist. Herausquillenden Kleber können Sie im ungetrockneten Zustand einfach mit einem angefeuchteten Lappen entfernen.

4 Bei Verwendung von **Schrauben** ist es sinnvoll, mit einer Bohrergröße des halben Schraubendurchmessers vorzubohren, um ein Springen des Holzes zu vermeiden. Auch hier empfiehlt es sich, die Werkstücke vor dem Bohren mit einer Schraubzwinge in der korrekten Endlage zu fixieren, um ein Verrutschen bei der Bearbeitung zu vermeiden. Zusätzliche Stabilität erhält die Verbindung auch hier, wenn die Verbindungskanten vor dem endgültigen Zusammenfügen mit wasserfestem Holzleim eingestrichen werden.

5 Für handwerklich einfach und rasch ausführbare Holzverbindungen bei gleichzeitig hoher Stabilitätssicherheit eignen sich besonders **Holzverbinder** aus rostfreiem Metall, die es in allen nur denkbaren Formvariationen, wie beispielsweise in Winkel-, Flach- oder U-Form, und verschiedenen Stärken gibt.
Der Vorteil liegt darin, daß aufwendiges Spannen und Leimen entfallen kann. Sie werden einfach mit Schraubnägeln oder Holzschrauben angebracht und halten so sicher wie eine Verzapfung nach Zimmermannsart.

4

5

Arbeitsanleitung: Selbstbau eines Sonnenkollektors

Einen Sonnenkollektor aus Selbstbaumaterialien erstellen

Material
Kompletter Bausatz für eine Thermosolaranlage.

Werkzeug

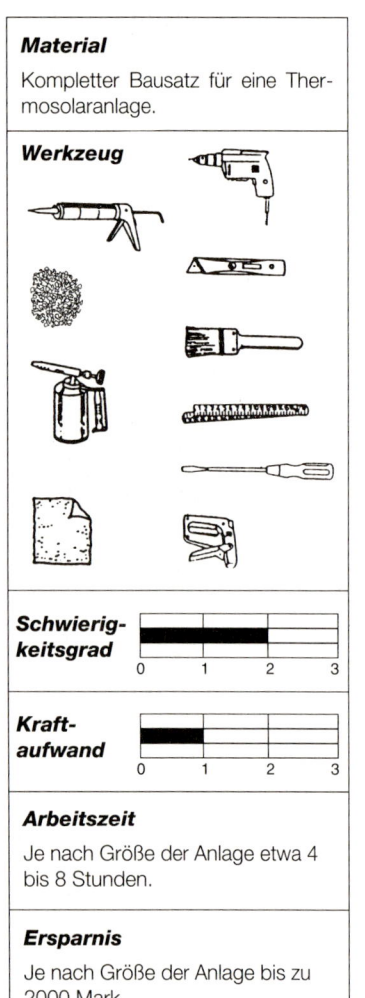

Schwierigkeitsgrad: 1,5 (0–3)

Kraftaufwand: 1 (0–3)

Arbeitszeit
Je nach Größe der Anlage etwa 4 bis 8 Stunden.

Ersparnis
Je nach Größe der Anlage bis zu 2000 Mark.

Arbeitsanleitung: Selbstbau eines Sonnenkollektors

Die folgende Arbeitsanleitung zeigt den Zusammenbau eines **Warmwasserkollektors** aus SUNSTRIP-Absorberstreifen, wie er von einigen Firmen auch als Bausatz angeboten wird, seine Integrierung in die Dachfläche und die Anbindung an ein bestehendes Zentralheizungs- und Warmwassersystem. Er gilt nach den Richtlinien des Bundesministeriums für Wirtschaft nicht als eine von der Förderung ausgeschlossene Eigenbauanlage und ist deshalb durchaus förderungswürdig.

1 Anhand eines **Demonstrationskollektors** mit einer Absorberfläche von etwa 1 m² sollen zuerst die grundsätzlichen Aufbauschritte gezeigt werden.

2 An **Materialien** benötigt man für das Kollektorgehäuse einen einfachen Holzrahmen, eine PU-Hartschaumplatte mit beidseitiger Aluminiumfolien-Kaschierung und einer Stärke von 35 mm, eine Mineralwolledämmplattein der Stärke 15 mm, ein Glasfaservlies in schwarzer Färbung, eine Solarsicherheitsglasscheibe mit einer Mindeststärke von 4 mm, und ein Trockenverglasungssystem, das aus zwei Alu-Glashalterungsschienen im H-Profil und einem Aluminium-Abschlußband mit den jeweils entsprechenden Dichtgummiprofilen besteht.

3 Der eigentliche Absorber besteht aus den 4 Sunstrip-Absorberstreifen, den beiden 28 mm Kupferrohrverteilern mit hartgelöteten Anschlußnippeln im Abstand von 136 mm, den beiden 90°-Bögen, Kappen und Anschlußmuffen und den benötigten Anschlußrohren.

4 Die Erstellung des **Rahmens** kann in einfacher stumpfer Verbindung mittels Holzschrauben erfolgen.

5 Es muß aber sichergestellt sein, daß die Verbindungskanten winddicht sind, da sonst Wärmeverlust im Innenbereich nicht ausgeschlossen werden kann. Sicherheit gibt etwas Silikonmasse, die man vor dem Fixieren der Holzteile zwischen die Berührungsflächen streicht. Natürlich kann die Verbindung stattdessen auch mit Holzleim stabilisiert werden.

6 Eine Schraubzwinge verhindert das Verrutschen der Verbindungsteile und erleichtert das Vorbohren und Eindrehen der Schrauben.

1

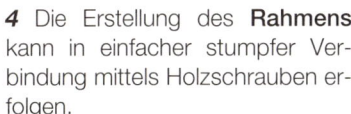

2

3

Arbeitsanleitung: Selbstbau eines Sonnenkollektors

4

7

5

8

6

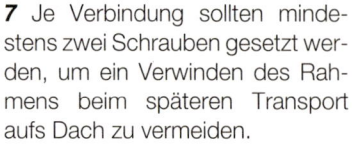

9

7 Je Verbindung sollten mindestens zwei Schrauben gesetzt werden, um ein Verwinden des Rahmens beim späteren Transport aufs Dach zu vermeiden.

8 An der Unterseite des Rahmens werden nun die Holzstreifen angetackert, die als **Auflageleisten** der PU-Dämmplatte dienen.

9 Vor den nächsten Arbeitsschritten muß der Rahmen noch mit weißer Holzvoranstrichfarbe versehen werden. Das ist besonders auf der sonnenzugewandten Seite notwendig, um die Hitzeabsorption zu vermindern, da diese das Holz zu sehr beanspruchen würde.

10 Nun kann die **PU-Dämmstoffplatte** eingelegt werden, wobei darauf zu achten ist, daß sie ordentlich an den Anschlußflächen des Holzrahmens anliegt (Wärmeverlust!).

11 Notfalls müssen Ungenauigkeiten mit Dichtmasse ausgeglichen werden.

12 Auf die PU-Hartschaumplatte wird nun eine **Mineralfaserdämmplatte** aufgelegt. Sie dient in erster Linie dazu, die PU-Hartschaum-

Arbeitsanleitung: Selbstbau eines Sonnenkollektors

platte vor den extremen Temperaturen zu schützen, die innerhalb des Kollektorbehälters auftreten. Auch hier sollte bereits beim Zuschnitt auf exakte Paßgenauigkeit geachtet werden.

13 Als letzte Schicht wird das schwarze **Glasfaservlies** aufgelegt. Nun ist das Kollektorgehäuse für die Aufnahme des Absorbers vorbereitet. Bevor dieser eingebracht werden kann, muß er erst zusammengebaut werden.

14 Dazu werden die **Absorberstreifen** nebeneinander auf einer Arbeitsfläche abgelegt. Achten Sie darauf, daß die Seite mit der selektiven Beschichtung nach oben zeigt. Die Enden der Absorberstreifen sollten für den folgenden Lötvorgang etwas über die Arbeitsfläche hinausragen. Für alle Arbeiten an den Absorberstreifen gilt: Vermeiden Sie Kratzer an der selektiven Beschichtung und achten Sie darauf, daß die Oberfläche freibleibt von Fett, aggressiven Dämpfen und Reinigungsmitteln. Verunreinigungen können Sie notfalls mit Wasser und Spiritus beseitigen.

15 Putzen Sie nun die **Anschlußnippel** der Kupferrohrverteiler mit

Arbeitsanleitung: Selbstbau eines Sonnenkollektors

16

17

18

feiner Metallwolle oder einem Putzvlies metallisch blank.

16 Die Reinigung der Rohrinnenflächen der **Aufnahmemuffen** an den Absorberstreifen erfolgt mit einer kleinen Metallbürste.

17 Falls sich am Rohrende ein Grat befindet, muß dieser zuvor z. B. mit einem Messer entfernt werden.

18 Sollte das gerundete Endstück des Absorberstreifens eingedellt sein, muß es unbedingt wieder gerichtet werden. Dies kann beispielsweise mit einem abgewinkelten 10 mm Rohrstück geschehen. Von der Sorgfalt Ihrer Kalibriertätigkeit hängt es ab, ob der folgende Lötvorgang erfolgreich verläuft.

19 Streichen Sie nun die Außenseite der Verteilerrohrnippel und die Innenseite der Absorberrohrenden mit der **Lötpaste** ein.

20 Nachdem dies an beiden Seiten der Absorberstreifen geschehen ist, stecken Sie nun die Anschlußnippel der Verteilerrohre in die Aufnahmemuffen der Absorberstreifen. Achten Sie auf einen ordentlichen Sitz der Verbindung und gleichen Sie eventuelle Schrägstellungen der Absorberstreifen durch Drehen aus. Erst wenn sämtliche Verbindungen korrekt sind und die letzten **Justierarbeiten** beendet sind, kann mit dem Lötvorgang begonnen werden.

21 Beim Löten der Absorberstreifen ist besonders zu beachten, daß keine Überhitzung auftritt. Sie schadet weniger der Selektivbeschichtung als vielmehr der Lötpaste. Halten Sie die Flamme in Richtung Absorberende und geben Sie die Wärme abwechselnd von beiden Seiten zu, um eine gleichmäßige Erwärmung zu erreichen. Erst wenn die Lötpaste um den ganzen Nippel herum silbrig geworden ist, gehen Sie mit dem **Lötzinn** von beiden Seiten an der Lötfuge entlang, bis genug Lötzinn eingebracht ist. So verfahren Sie auch mit den übrigen Anschlüssen.

22 Sind alle Absorberstreifen mit dem Verteilerrohr verbunden, müssen die **Abschlußkappen** und die **Anschlußrohre** angelötet werden.

23 Achten Sie darauf, daß die Absorberanschlüsse wechselseitig erfolgen, um eine gleichmäßige und widerstandsarme Durchströmung des Kollektors zu erreichen.

Arbeitsanleitung: Selbstbau eines Sonnenkollektors

24 Sollen die Anschlußstutzen auf der gleichen Seite des Kollektorgehäuses liegen, so ist es sinnvoll, das **Rückführrohr** innerhalb des Kollektors zu verlegen.

25 Wenn der gesamte Lötvorgang am Absorber beendet ist, müssen nach dem Abkühlen alle Reste der Lötpaste mit einem feuchten Lappen sorgfältig entfernt werden, um die **Korrosionsanfälligkeit** zu reduzieren.

26 Vor dem Einbringen des Absorbers in das Kollektorgehäuse muß die **Dichtigkeit** des Systems überprüft werden. Das kann mit Wasserleitungsdruck erfolgen. Der Mindestprüfdruck beträgt 3 bar, maximal kann mit 25 bar abgedrückt werden. Den aktuellen Druck in Ihrem Trinkwasserleitungssystem können Sie am Manometer hinter dem Wasserzähler ablesen.

27 Befestigen Sie nun mit Klemmen je ein Schlauchstück an den beiden Ausgangsstutzen des Kollektors.

28 Verbinden Sie das eine Ende des Schlauches mit einem Wasserhahn und verschließen Sie das

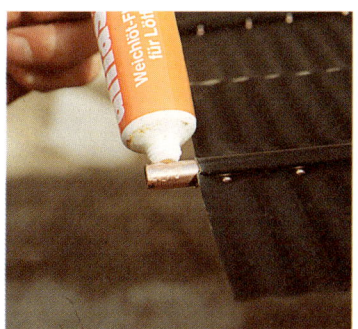
19

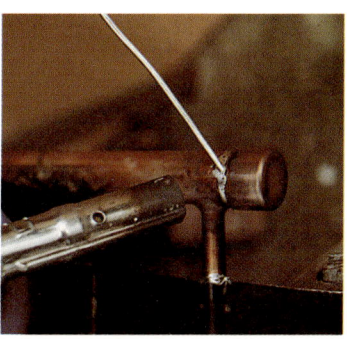
22

20

23

21

24

Arbeitsanleitung: Selbstbau eines Sonnenkollektors

25

28

26

29

27

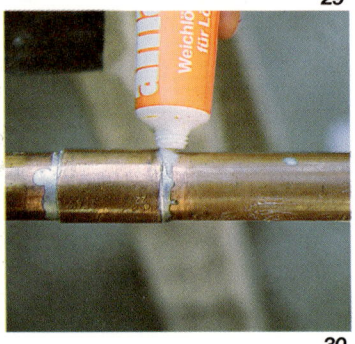
30

andere – zum Beispiel mit einem Gartenschlauchspritzventil.

29 Kontrollieren Sie nun die Lötverbindungsstellen durch **Sicht- und Tastprüfung** auf etwaige austretende Flüssigkeit. Sollte ein Leck auftreten, versuchen Sie nach dem vollständigen Entleeren des Reparaturbereichs die undichte Stelle zu beseitigen.

30 Pinseln Sie dazu die Stelle mit Lötpaste ein und geben Sie nach dem gleichmäßigen Erwärmen weiteres Lot hinzu. Ergibt eine erneute Druckprüfung, daß dies nichts genützt hat, muß der Absorberstreifen herausgelötet und erneut blank geputzt werden. Starten Sie anschließend einen neuen Lötversuch.

31 Wurde ein Rücklaufrohr innerhalb des Kollektorgehäuses verlegt, ist es sinnvoll, das Kupferrohr mit einer schwarzen **Lackierung** zu versehen. Sie unterstützt eine zusätzliche Absorption der einfließenden Wärmestrahlung.

32 Bei Absorberstreifen mit mehr als drei Meter Länge ist es zweckmäßig, die Absorber für den Einbau mit **Querversteifungen** zu stabili-

Arbeitsanleitung: Selbstbau eines Sonnenkollektors

sieren. Die profilierten Aluminiumstreifen werden dann auf der Rückseite des Absorbers entweder mit Blindnieten oder Aluminiumblechschrauben befestigt. Die spitzen Enden der Blechschrauben sollten möglichst nach oben ragen, um die untenliegende Aluminiumkaschierung der PU-Hartschaumplatte nicht zu beschädigen.

33 Nun kann der komplett montierte Absorber in das Kollektorgehäuse gelegt werden. Die Anschlußstutzen müssen dabei durch die dafür gebohrten **Austrittsöffnungen** geführt werden. Der Gehäuseinnenraum sollte so bemessen sein, daß zwischen dem Absorber und dem Holzrahmen etwa 1 bis 2 cm Freiraum bleiben, da das Absorbermaterial sich durch die Erwärmung ausdehnt. Eine Fixierung des Absorbers innerhalb des Kollektorgehäuses ist nicht nötig.

34 Die nächsten Arbeitsschritte behandeln das Anbringen des Trockenverglasungssystems, das einerseits zur Aufnahme und Abdichtung der Kollektorglasscheiben dient, andererseits dem Kollektorgehäuse aber noch eine zusätzliche Stabilität verleiht. Bei unserem Modell soll der Kollektor in die Dachfläche integriert werden, weshalb es notwendig ist, die Glasfläche an der Unterkante des Kollektors über das Gehäuse hinauszuführen. Dadurch überlappt sie die anschließende Ziegelreihe und sorgt für die Dichtigkeit der Dachhaut.

35 Zunächst müssen die **Glasauflageprofile** befestigt werden. Sie sind durch ihre spezielle Form geeignet, eine doppelte Funktion auszuüben. Die Schenkel des U-förmig ausgeprägten unteren Profilbereichs dienen als Auflagefläche für die Glasscheiben bzw. an den beiden Enden zur Aufnahme des Verblendungsbleches. In die T-Schiene des oberen Profilbereiches kann ein spezielles Gummiprofil eingeklemmt werden, das die Glasscheibe festhält und abdichtet.

36 Die Glasauflageprofile werden nun zur sicheren Abdichtung an der Unterseite mit einem hitze- und witterungsbeständigen **Zellgummiband** beklebt. Ersatzweise kann auch eine entsprechende Dichtmasse mittels der Auspreßpistole aufgetragen werden.

31

32

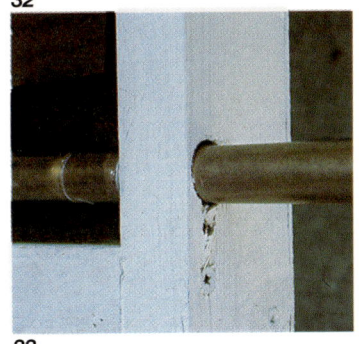
33

Arbeitsanleitung: Selbstbau eines Sonnenkollektors

34

37

35

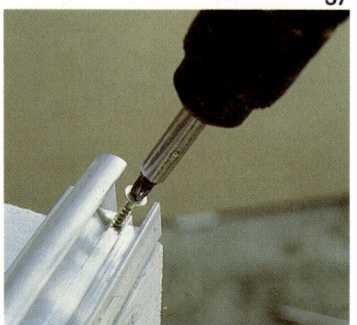

38

36

39

37 Der Abstand der Glasauflageprofile ergibt sich aus der **Scheibenbreite**. Die Glasscheibe sollte deutlich über den Aufnahmesteg des U-Profils hinausreichen, aber auch noch genügend Abstand zum T-Profil besitzen, um sich bei größerer Erwärmung ausdehnen zu können.

38 Die **Befestigung** der Aluprofile auf dem Holzrahmen erfolgt mittels selbsteindrehender Holzschrauben. Diese werden im Abstand von etwa 50 cm durch ein vorgebohrtes Loch im Bereich des Mittelstegs geführt. Bei größeren Kollektoren erfolgt die Befestigung der freitragenden Profile nur an den Kontaktstellen mit dem Holzrahmen. Wichtig ist immer, daß die unteren Abschlußkanten der Profile in einer Linie liegen. Notfalls sollte mit einer Schnur oder Latte gearbeitet werden.

39 Als Stütze für die Scheibe wird am unteren Ende der Glashalteprofile ein **Aluminiumhaltewinkel** mit einer Zellgummiauflage angeschraubt oder angenietet.

40 Die auf das richtige Maß geschnittenen Hohlgummiprofile zur **Abdichtung** zwischen Glasfläche

Arbeitsanleitung: Selbstbau eines Sonnenkollektors

und Holzrahmen werden mit einem Tacker befestigt. Dabei muß die obere Gummifläche etwas geöffnet werden.

41 Jetzt können die **Solarsicherheitsglasscheiben** vorsichtig eingelegt werden, um die korrekte Lage zu überprüfen. Es ist darauf zu achten, daß die glatte Seite außen liegt. Sie verhindert, daß sich Schmutz leicht anlegen kann und somit die Wärmeeinstrahlung und damit die Leistungsfähigkeit des Kollektors reduziert wird. Das endgültige Einlegen der Glasscheiben sollte erst nach der Dachmontage des Kollektorgehäuses geschehen. Dadurch werden besonders bei größeren Kollektoranlagen der Transport auf das Hausdach und die anschließende Montage erheblich erleichtert.

42 Den Abschluß der Montagearbeiten am Kollektor bildet das Aufstülpen der **Gummidichtprofile**. Diese Arbeit wird erheblich erleichtert, wenn man – besonders bei niedrigen Außentemperaturen – die Dichtbänder zuvor in warmem Wasser einlegt, so daß sie geschmeidiger werden. Die Gummidichtprofile werden dann Schritt für Schritt über die Nase des T-Profils gestülpt, indem man sie mit der einen Hand so weit umbiegt, daß sich die inneren Profilklammern spreizen und mit der anderen Hand das entsprechende Teilstück auf das T-Stück aufdrückt. Unregelmäßigkeiten beim Anbringen der Dichtung, wie beispielsweise mangelnde Haftfähigkeit der Profilklammern an der Aufnahmeschiene, können anhand von Ausbuchtungen erkannt werden und sind in oben genannter Weise zu korrigieren. Dies ist notwendig für eine sichere Fixierung und Abdichtung der Glasscheiben.

40

41

42

Arbeitsanleitung: Indachmontage

Indachmontage eines Brauchwasser-solarkollektors

Material
Einbindungsbleche, Nägel, Schrauben, Winkel, Nieten, Dichtmasse.

Werkzeug

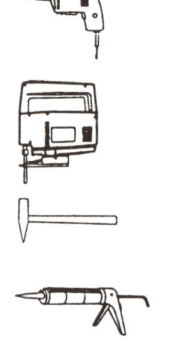

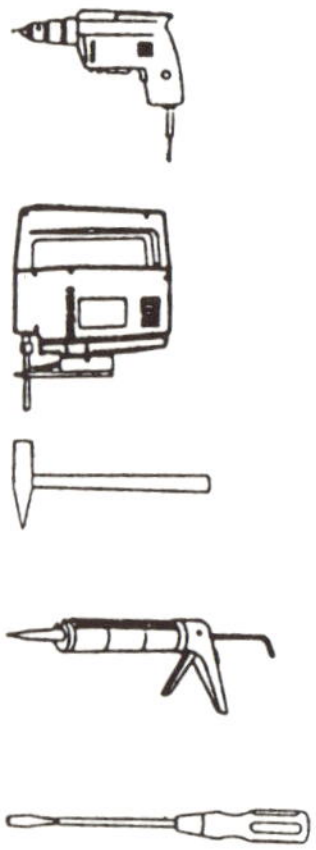

Schwierigkeitsgrad

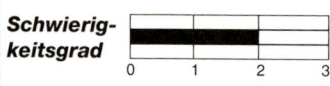

Kraftaufwand

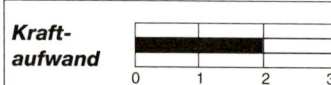

Arbeitszeit
Je nach Größe der Anlage etwa 8 bis 10 Stunden.

Ersparnis
Je nach Größe der Anlage bis zu 2000 Mark.

Arbeitsanleitung: Indachmontage

Die hier beschriebene Indachmontage des Sonnenkollektors ist so ausgeführt, daß die Scheibenfläche des Kollektors die Ziegeleindeckung ersetzt und somit gleichzeitig die wasserfeste Dachhaut bildet. Diese Art der Ausführung kann sowohl für den nachträglichen Einbau als auch für die Realisierung bei einem Neubau genutzt werden. In letzterem Fall können sogar Baukosten eingespart werden, da der Materialaufwand für die der Kollektorfläche entsprechenden Dachziegelmenge abgezogen werden kann.

Da Dacharbeiten jeglicher Art immer ein großes **Arbeitsplatzrisiko** beinhalten, sei darauf hingewiesen, daß dazu besondere Merkblätter mit detaillierten Vorschriften bei den Landratsämtern aufliegen. Grundsätzlich gilt, daß neben Trittsicherungen zusätzlich auch Fangeinrichtungen zu installieren sind.

1 Beim nachträglichen Einbau des Sonnenkollektors werden im ersten Arbeitsschritt die vorhandenen Dachziegel entfernt und die geplante **Lage** des Kollektors exakt festgelegt. Dabei sollte der Abstand des Kollektorrahmens vom First und von der Traufe mindestens 3 Ziegelreihen ausmachen,

1

um eine sichere Einbindung des Kollektors mittels der Anschlußbleche zu ermöglichen. Dann muß die querliegende Dachziegellattung für den Einbau des Kollektors entfernt werden, um ein entsprechendes Höhenniveau herzustellen. Eventuell freihängende Dachziegellatten müssen durch Einbringen neuer Konterlatten unterstützt werden.

2 Nun werden die **Haltewinkel** für den Kollektor bündig mit der unteren Ziegelreihe auf die Konterlatten gelegt und festgeschraubt. 4 cm oberhalb der untersten Zie-

2

Arbeitsanleitung: Indachmontage

3

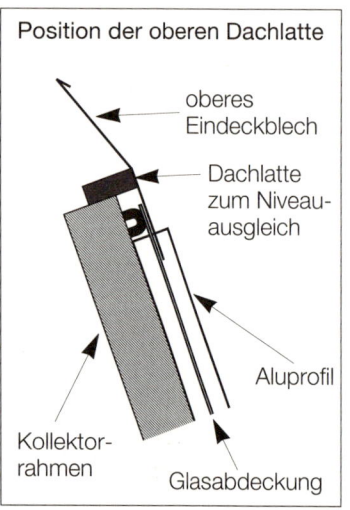

Position der oberen Dachlatte

oberes Eindeckblech
Dachlatte zum Niveauausgleich
Aluprofil
Kollektorrahmen
Glasabdeckung

4

Überlappen der Glashalteprofile über der sich anschließenden Ziegelreihe. Der Öffnungsspalt zwischen der Unterkante des überstehenden Glashalteprofils und der Oberkante der Ziegelreihe sollte einerseits sehr gering sein, um Undichtigkeiten zu vermeiden, andererseits sollte er aber auch noch ein eventuell einmal notwendiges Austauschen von Ziegeln nach Montage des Kollektors ermöglichen. Die **Fixierung** erfolgt durch Anschrauben des Kollektorrahmens an die bereits angebrachten Metallwinkel.

4 Bevor die Einblechung des Kollektors erfolgen kann, muß die Dachlatte, die sich direkt am oberen Rahmenrand des Kollektorgehäuses anschließt, mit einer zweiten Latte aufgedoppelt werden, um einen **Niveauausgleich** für die fehlende untere Ziegelreihe zu erreichen und eine Auflagefläche für das obere Einbindungsblech herzustellen.

5 Nun können die Scheiben auf das Dach transportiert und in den Kollektor eingesetzt werden. Für den **Transport** sollte ein Holzrahmen als Transportschutz erstellt werden. Dieser Tragerahmen wird dann neben das zu verglasende

gelreihe wird dann eine zusätzliche Dachlatte auf der Konterlattung befestigt.

3 Nun kann der Kollektor auf die Dachfläche verbracht und an die vorgesehene Position gesetzt werden. Der Transport erfolgt aus Gewichtsgründen ohne Glasscheibe. Unten wird der Kollektor bündig an den Blechwinkeln angelegt. Die exakte seitliche Lage wird so festgelegt, daß die Ziegel der Kollektorrahmenseite ohne Rohraustritt bündig anliegen. Die Höhe des Kollektors im unteren Dachanschlußbereich orientiert sich am

Arbeitsanleitung: Indachmontage

Feld gelegt und die Scheiben herausgenommen. Am einfachsten geschieht dies, wenn eine Person oberhalb und eine unterhalb des Kollektors die Scheibe annimmt. Diese wird dann zunächst auf einen Schenkel des Verglasungsprofils und dann langsam auf den anderen abgelegt. Bei Sonnenschein ist Vorsicht geboten, da der Absorber glühend heiß ist.

6 Mit dem Aufziehen der **Dichtbänder** auf die Aluminiumprofile werden die Scheiben gleichzeitig abgedichtet und befestigt. Die Seitenprofile des Kollektors müssen noch freibleiben, weil dort auch die Einbindungsbleche mitfixiert werden.

7 Für das Legen der Kollektorzuleitungen muß die Dachhaut durchbohrt werden. Um Spannungen durch Wärmeausdehnung zu verhindern, sollten hierfür flexible **Druckschläuche** verwendet werden. Sie erleichtern auch die Anbindung des Kollektors an das Anlagenrohrsystem. Anschließend ist die Isolierung der Anschlußrohre zu erfolgen!
Das Anbringen des Temperaturfühlers erfolgt am oberen Ende des Kollektors mittels einer Rohrschelle

5

6

7

Arbeitsanleitung: Indachmontage

8

9

an der Sammelleitung. Es ist unbedingt notwendig, daß eine vollständige Verbindung zwischen der Rohroberfläche und der Fühleroberfläche besteht, da sonst das Meßergebnis verfälscht wird und die Steuerung der Anlage nicht optimal arbeiten kann. Die Anschlußleitung für den Temperaturfühler wird durch entsprechende Bohrungen aus dem Kollektorgehäuse herausgeführt und durch die Dachhaut geleitet. Die dabei entstehenden Durchbrüche sollten mit Dichtmasse oder Gummipfropfen verschlossen werden, um Wassereintritt zu verhindern.

8 Als seitliche **Einbindungsbleche** bietet der Handel vorgefertigte Blechprofile an. Sie werden an den Dachziegellatten festgenagelt oder geschraubt und unten durch Biegen an der Ziegelwelle angepaßt.

9 Die oberen Bleche werden dann mit der runden Kante in die Einschnitte der Verglasungsprofile eingeschoben und auf die daraufliegende Dachplatte abgelegt. An den Verbindungsstellen mit den Seitenblechen erfolgt eine Fixierung mit Nieten. Auch die Stöße des oberen Abschlußbleches werden vernietet, nachdem sie ineinandergeschoben und an den Berührungsflächen mit Silikon abgedichtet wurden.

Nun kann die Dacheindeckung mit den Ziegeln erfolgen. Um ein planes Aufliegen der seitlichen Ziegel auf dem Abschlußblech zu ermöglichen, müssen die **Ziegelnasen** sauber abgeschlagen werden. Wurde die Breite des Abschlußbleches auf der Kollektorseite mit den Rohrausgängen geschickt gewählt, kann hier auf ein Zuschneiden der Ziegel verzichtet werden. Mit dem Eindecken des Daches sind die Arbeiten der Dachmontage des Sonnenkollektors beendet.

Arbeitsanleitung: Temperaturdifferenzregler

Einbau eines Temperaturdifferenzreglers

Material

Regelgerät mit Temperaturfühler, Schrauben, Dübel, NYM-Mantelleitung, Verteilerdose, Schalter.

Werkzeug

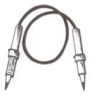

Schwierig-keitsgrad

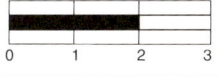

Kraft-aufwand

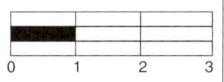

Arbeitszeit

Für die Gerätemontage ca. 2, für das Leitungsverlegen ca. 4 Std.

Ersparnis

Für Montage- und Verlegearbeiten insgesamt ca. 500 Mark.

Arbeitsanleitung: Temperaturdifferenzregler

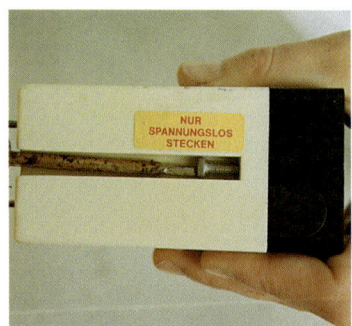

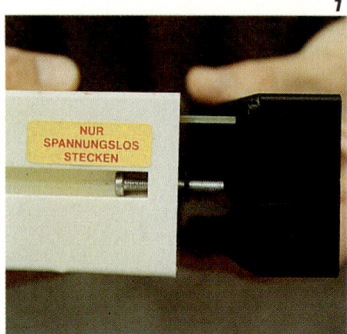

Bevor Sie die Montage der elektronischen Temperaturregeleinheit ausführen, sollten Sie die folgenden **Sicherheitsmaßnahmen** beachten:
Überprüfen Sie vor dem Setzen der Bohrlöcher, ob der entsprechende Wandausschnitt frei von Versorgungsleitungen ist. Existiert kein Lageplan, überprüfen Sie die Stelle mit einem elektronischen Leitungssuchgerät. Schalten Sie vor dem Anschluß an das Hausstromnetz den entsprechenden Stromkreis am Haussicherungskasten stromlos. Überprüfen sie zusätzlich mit einem Leitungsprüfer, daß keine Leitung unter Spannung steht.

1 Nun kann die eigentliche Montagearbeit beginnen. Für die Wandbefestigung müssen zuerst die beiden versenkt untergebrachten Schrauben an der **Geräteseite** gelöst werden.

2 Nun kann das Geräteoberteil von der innen angebrachten Steckerleiste des **Wandmontageteils** abgezogen werden.

3 An der Innenseite des Wandmontageteils befinden sich zwei Stutzen, die zur Aufnahme der **Montageschrauben** dienen. Sie müssen am Gehäuseboden durchbohrt werden.

4 Nach dem Markieren des Stutzenabstandes an der Wand können die Bohrlöcher gesetzt und das Wandmontageteil mit zwei Schrauben befestigt werden. Der Gerätehersteller schreibt vor, dem Regler bauseits einen Ausschalter vorzuschalten. Da dadurch jedoch die Gefahr des versehentlichen Ausschaltens gegeben ist, erscheint es sinnvoller, den Regler an einen separaten **Sicherungskreislauf** anzuschließen. Dafür sollten Sie jedoch unbedingt den Elektrofachmann zu Rate ziehen. Sollte eine getrennte Absicherung nicht möglich sein, plazieren Sie den Ausschalter so, daß er nicht mit einem Lichtschalter verwechselt werden kann. Ein längerer Ausfall der Steuerung bei Sonnenschein würde automatisch zum Entleeren der Solaranlage über das Überdrucksicherheitsventil führen. Zur Wandmontage des Schalters muß in den meisten Fällen ebenfalls nach dem Lösen der Befestigungsschrauben das Oberteil vom Unterteil abgezogen werden, bevor der Montageteil mit zwei Schrauben angedübelt werden kann.

Arbeitsanleitung: Temperaturdifferenzregler

5 Nun gilt es, die Kabel zu legen, um eine **elektrische Verbindung** zwischen dem Steuergerät, dem Schalter, der Umwälzpumpe und dem entsprechenden Sicherungskreis der Hausnetzanlage herzustellen. Dazu werden 3-adrige Mantelleitungen mit einem Querschnitt von 1,5 mm in Kabelkanälen verlegt. An der Verknüpfungsstelle mit der vorhandenen Hausleitung wird das Hausleitungskabel getrennt (Stromfrei geschaltet?!) und in einem montierten Verteilerkasten mit der neuverlegten Stromzuleitung für die Solarsteuerung verbunden.

6 Nun können die elektrischen Anschlüsse an der Umwälzpumpe, dem Steuergerät und am Schalter ausgeführt werden. Der entsprechende **Verdrahtungshinweis** findet sich auf der Rückseite des Steuergerätes. Der Stromanschluß erfolgt an den Klemmen 10=Nulleiter N, 11=Leiter L und 12=Schutzleiter SL.
Für den Anschluß der Umwälzpumpe sind die Klemmen 8=Leiter L1, 9=Nulleiter und 12=Schutzleiter vorgesehen.
Für die Steuerung anderer Verbraucher kann von Interesse sein, daß an der Klemme 7(L2) in der Ruhestellung des Relais die Normalspannung gegen Null anliegt. Hier können der Funktion entsprechende Verbraucher angeschlossen werden. Zum Beispiel können elektrisch gesteuerte Drei- oder Vierwegemischer unter gemeinsamer Nutzung der Kontakte 7 und 8 versorgt werden.

7 Für die **Verdrahtung** am Steuergerät beinhaltet das Wandmontagegeräteteil eine entsprechende Klemmschiene, auf der die Klemmnummern angegeben sind. Die Leitung vom Anschlußkabel zur Klemme 11 des Steuergerätes muß zuvor über den Ausschalter geführt werden. Auch die Umwälzpumpe enthält an den Klemmen die entsprechenden Anschlußbezeichnungen, an denen Sie sich orientieren können.

8 Nach dem Anschluß an das Stromnetz können die Temperaturfühleranschlüsse ausgeführt werden. Da es sich um Niedervoltschaltkreise handelt, kann das Verlegen der Leitungen auch offen erfolgen. Eine Verlegung in Kabelkanälen zusammen mit Netzspannungsleitungen ist dagegen nicht gestattet. Die am Fühler werkseitig angebrachten zweiadrigen Kabel

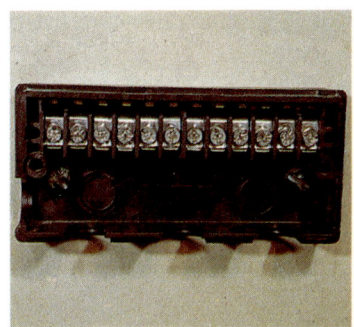

4

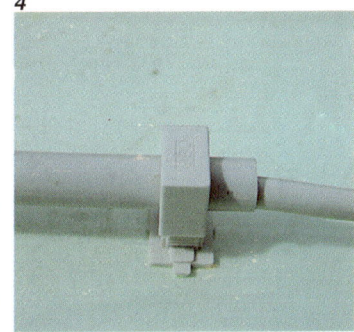

5

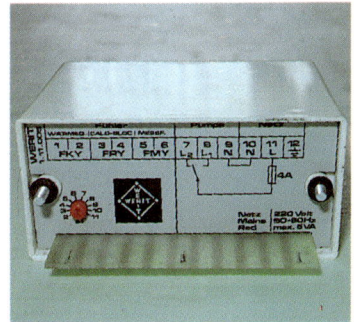

6

Arbeitsanleitung: Temperaturdifferenzregler

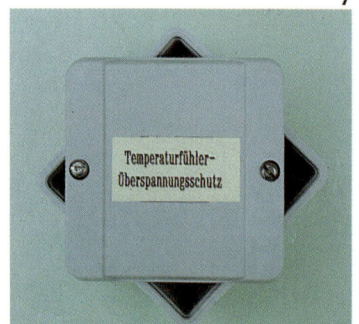

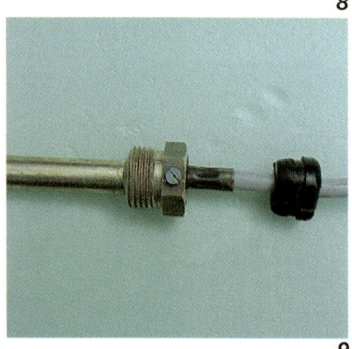

sind in der Regel zu kurz, können aber bedenkenlos durch Kabel mit Querschnitten zwischen 1 mm² und 1,5 mm² verlängert werden. Idealerweise erfolgt die Verbindung mit dem Verlängerungskabel in einer speziellen **Temperaturfühler-Überspannungsdose**. Diese ist durch elektronische Bauteile dazu geeignet, elektrostatische Aufladungen, beispielsweise durch Gewitter, abzubauen und so den Temperaturfühler vor der Zerstörung zu bewahren.

9 Notwendig ist eine Messung im Kollektorbereich und im Brauchwasserspeicher. Der Anschluß im Steuergerät ist ebenfalls der Schaltplanskizze auf der Rückseite zu entnehmen. Die Klemmen 1 und 2 dienen dem Fühler (FKY), der die höhere Temperatur messen soll, die für das Einschalten der Pumpe maßgeblich ist. Dieser Fühler befindet sich im Kollektor. Für die **Plazierung** ist wichtig, daß die Kollektortemperatur möglichst am oberen Ende innerhalb des Kollektors gemessen werden sollte, um ein exaktes Meßresultat zu erzielen. Die Klemmen 3 und 4 nehmen den sogenannten Referenzfühler (FRY) auf, der im Brauchwasserspeicher zu plazieren ist.

Der Fühler wird dazu bis zum Anschlag in die vorgesehene Tauchhülse am Speicher geschoben und mit einem Verschlußstopfen vor dem Herausrutschen gesichert. Die Befestigung des FKY-Fühlers am Kollektor erfolgt je nach vorgesehener Befestigungsart der Fühlertype. An den Klemmen 5 und 6 kann noch ein weiterer Fühler angeschlossen werden. Dieser kann zwar nicht in die Regelfunktion miteinbezogen werden, die an ihm gemessene Temperatur läßt sich aber im Display des Steuergerätes ablesen. Ein sinnvoller Einsatz ist beispielsweise ein zweiter Meßpunkt im Brauchwasserspeicher, um Aufschluß über die Temperaturschichtung zu erhalten. Nach dem Verklemmen der Temperaturfühleranschlüsse ist das Steuergerät fertig verdrahtet.

10 Vor dem Schließen des Reglergerätes muß mit dem **Potentiometer** ΔT die gewünschte Temperaturdifferenz eingestellt werden. Dadurch wird festgelegt, wie hoch der Temperaturunterschied zwischen Solarkollektor und Speicherinhalt sein muß, bevor die Umwälzpumpe durch den Regler in Betrieb gesetzt wird. Mißt der Fühler FKY einen Wert, der die am

Arbeitsanleitung: Temperaturdifferenzregler

Potentiometer ΔT eingestellte positive Temperaturdifferenz überschreitet, schaltet der Regler auf EIN. Bei Unterschreiten dieser Differenz um 1,5 °C schaltet der Regler wieder auf AUS. Im Normalfall werden 6 bis 8 °C Temperaturdifferenz eingestellt, um ideale Betriebsbedingungen zu erreichen.

11 Nun kann das Geräteoberteil auf die Steckschiene des Wandhalters aufgeschoben und mit den seitlichen Befestigungsschrauben fixiert werden. Dies sollte unbedingt stromlos erfolgen.
Zur **Inbetriebnahme** schalten Sie den entsprechenden Haussicherungsstromkreis wieder ein und bringen Sie – falls eingebaut – den vorgeschalteten Netzschalter auf Ein-Stellung. Nun leuchtet die rote Kontrolleuchte am Steuergerät auf und es erscheint in der Displayanzeige eine Ziffer. Das Gerät ist in Betrieb; Verbraucher, die an der Klemme 7 angeschlossen sind, erhalten Strom.

12 Wird der Betriebsschalter auf 1 gestellt, leuchtet die grüne Kontrollampe auf, Verbraucher, die an Klemme 8 angeschlossen sind, erhalten Strom. Nach dieser **Prüfung** ist der Betriebsschalter auf AUTOMATIC zu stellen. Jetzt leuchtet die grüne Kontrollampe nur dann, wenn die Umwälzpumpe in Betrieb ist. Dazu muß eine positive Temperaturdifferenz zwischen dem FKY- und dem FRY-Fühler vorhanden sein. Das heißt also, die Temperatur im Solarkollektor muß höher sein als im Brauchwasserspeicher. Wenn das nicht der Fall ist, leuchtet entweder die rote oder die gelbe Kontrollampe auf. Letztere zeigt an, daß die vorgewählte Mindesttemperatur noch nicht erreicht wurde, obwohl die eingestellte Temperaturdifferenz bereits vorhanden ist. Die Vorwahl der Mindesttemperatur geschieht mittels eines Schraubenziehers über das Potentiometer T min. und dient dazu, besonders in der Anlaufphase bei noch geringem Temperaturunterschied zwischen Kollektor und Wasserspeicher ein ständiges Aus- und Einschalten der Anlage bei geringer Erwärmung des Kollektors zu vermeiden. Der Einstellwert hängt davon ab, welche mittlere Temperatur an der Referenzmeßstelle im Wasserspeicher vorhanden ist und sollte etwas darüber liegen. Manche Solarsteuergeräte verzichten aber auch gänzlich auf diese Zusatzeinrichtung.

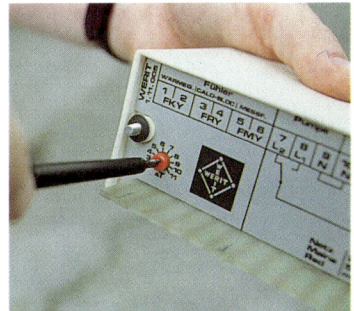
10

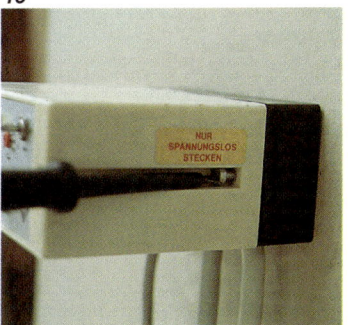
11

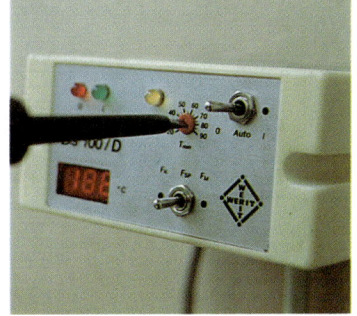
12

Arbeitsanleitung: Solaranlage befüllen

Befüllen der Brauchwassersolaranlage

Material

1 Kanister Wärmeträgerflüssigkeit mit Frostschutz.

Werkzeug

Schwierigkeitsgrad: 1 (von 0–3)

Kraftaufwand: 0–1 (von 0–3)

Arbeitszeit

2 bis 3 Stunden für Wässern und Entlüften.

Ersparnis

Ca. 200 Mark.

Arbeitsanleitung: Solaranlage befüllen

Das **Befüllen der Brauchwassersolaranlage** erfolgt in mehreren Schritten. Der erste Schritt dient dazu, die Innenwände der Rohrleitungen von Flußmittelrückständen und Metallspänen zu reinigen. Beim zweiten Schritt wird der notwendige Anlagendruck aufgebaut. Im letzten Schritt wird das Frostschutzmittel zugeführt. Grundsätzlich sollte das Befüllen der Anlage nicht gerade bei starker Sonneneinstrahlung erfolgen, da sie sonst durch Wasserdampfbildung erheblich erschwert wird.

1-2 Für den ersten Schritt werden zwei **Wasserschläuche** benötigt, von denen der eine die Verbindung zwischen dem Einfüllhahn der Solaranlage und einer normalen Hauswasserzapfstelle herstellt.

3-4 Der zweite Schlauch wird an dem **Entleerhahn** der Solaranlage angeschlossen, und das andere Ende zu einem Abguß gelegt.

5-7 Jetzt werden die Absperrventile des Einfüll- und Entleerhahns geöffnet, der dazwischenliegende Leitungsabsperrhahn geschlossen und die gesamte Anlage durch Aufdrehen des angeschlossenen Wasserhahns mit Leitungswasser gut durchgespült. Die **Umwälzpumpe** sollte während dieser Prozedur in Betrieb gesetzt werden.

8 Der **Spülgang** wird beendet, indem bei gleichbleibender Wasserzufuhr der Entleerhahn langsam geschlossen wird. Dies sollte langsam und in mehreren Schritten geschehen. Da dadurch mehr Wasser in das Leitungssystem eintritt, als austreten kann, beginnt sich langsam der Anlagendruck aufzubauen. In dieser 2. Phase der Anlagenbefüllung ist es wichtig, daß die gesamte eingeschlossene Luft aus dem Solarrohrleitungs-

2

1

3

Arbeitsanleitung: Solaranlage befüllen

4

system entweicht. Deshalb ist es notwendig, immer wieder die Entlüftungsventile zu öffnen, um den Luftaustritt zu ermöglichen.

9 Nach dem vollständigen Schließen des Entleerhahns wird noch so lange Wasser zugeführt, bis nach Überschreiten des maximalen Anlagendrucks das **Überdruckventil** öffnet und das weiterhin zugeführte Wasser aus der Anlage abgeleitet wird. Vergessen Sie nicht, einen Behälter unter den Ableitungsschlauch zu stellen, falls dieser nicht ohnehin in einen Abfluß einführt.

10 Nachdem Sie auf diese Art die Funktionsfähigkeit des Sicherheitsventils überprüft haben, öffnen Sie noch einmal den Entleerhahn der Anlage so weit, bis das Sicherheitsventil wieder sperrt und schließen Sie dann den Entleerhahn wieder vollständig. Beachten Sie nun den steigenden **Anlagendruck** anhand des Druckmanometers und sperren Sie kurz vor dem Erreichen des maximalen Anlagendrucks – rote Strichmarkierung – die Wasserzufuhr durch Schließen des Einfüllventils ab. Lassen Sie die Schlauchleitung zum Wasserhahn bestehen und diesen geöffnet, da im weiteren Verlauf der Arbeiten immer wieder ein Nachfüllen der Anlage notwendig werden kann.

11 Überprüfen Sie nun an allen vorhandenen Entlüftungsventilen, ob noch **Luft** in der Anlage vorhanden ist. Diese entweicht unter hörbarem Zischen bei Öffnen des Ventils. Kommt dagegen ein ruhiger Wasserstrahl heraus, ist das ein eindeutiges Zeichen dafür, daß keine Luft mehr vorhanden ist. Der Luftaustritt an automatischen Entlüftungsventilen kann auch mit deutlicher Blasenbildung erfolgen. Achten Sie beim Entlüften immer wieder auf den Anlagendruck und

5

6

Arbeitsanleitung: Solaranlage befüllen

erhöhen Sie ihn gegebenenfalls durch Öffnen des Einfüllventils. Führen Sie den Druck aber nicht mehr bis zum Maximum, sondern bleiben Sie innerhalb der grünen Markierung, die den üblichen Betriebsdruck angibt.

12 Die Entlüftung des **Pumpengehäuses** erfolgt durch Öffnen der Entlüftungsschraube an der Frontseite der Pumpe. Auch hier gilt, daß eine vollständige Luftfreiheit erst dann erreicht ist, wenn ein ruhiges Wasserrinnsal aus dem Entlüftungsspund läuft. Die Umwälzpumpe bleibt auch während des Entlüftungsvorgangs weiterhin in Betrieb.

13 Ist die Entlüftung der Anlage abgeschlossen, so ist sie eigentlich betriebsbereit. Für den **Winterbetrieb** ist allerdings noch ein weiterer Schritt notwendig, das Einfüllen des Frostschutzmittels. Dies erfolgt am geeignetsten mit einer einfachen Zubehörpumpe, wie sie für Bohrmaschinen angeboten wird. Sie wird am Achsstutzen in das Bohrfutter eingespannt und mit zwei Schlauchanschlüssen versehen, die lange genug sein müssen, um eine Verbindung zwischen dem Einfüllhahn der Solaranlage und dem Kanister mit dem Frostschutzmittel herzustellen. Von Vorteil ist es, wenn die hierfür verwendeten Schläuche durchsichtig sind, weil nur hierdurch beim Pumpvorgang kontrolliert werden kann, ob eventuell Luft in den Leitungskreislauf der Solaranlage eingeführt wird.

14 Nun wird der Wasserhahn, über den die Solaranlage mit Leitungswasser befüllt wurde, zugedreht und der Zuleitungsschlauch entfernt. An seine Stelle tritt jetzt der Förderschlauch der Pumpe, der mit dem Einfüllhahn verbunden

8

7

9

Arbeitsanleitung: Solaranlage befüllen

wird. Den Ansaugschlauch der Pumpe hängen sie in den Kanister mit dem **Frostschutzmittel** ein. Achten Sie unbedingt darauf, daß er so plaziert ist, daß die Schlauchöffnung am Kanisterboden liegt, um zu vermeiden, daß Luft angesaugt wird.

15 Bevor der Inhalt des Kanisters in das Solarrohrleitungssystem eingepumpt werden kann, muß die entsprechende Menge Wasser durch vorsichtiges Öffnen des Entleerungshahns aus dem System entfernt werden. Benutzen Sie dazu ein **Auffanggefäß** mit demselben Volumeninhalt wie der Kanister mit der Wärmeträgerflüssigkeit, um die abfließende Wassermenge bemessen zu können. Nun kann die Pumpe in Betrieb gesetzt werden.

16 Um zu vermeiden, daß unnötig Luft in das Solarleitungssystem gepumpt wird, sollten Sie den Verschluß der Pumpenzuleitung am Einfüllhahn der Solaranlage etwas lösen, bis die nachdrängende Frostschutzflüssigkeit die Luft aus diesem Schlauchleitungsbereich verdrängt hat. Wenn dies geschehen ist, wird der Schraubverschluß dicht verschlossen und der Einfüllhahn geöffnet.

17 Nun kann das Frostschutzmittel in die Solaranlage eingepumpt werden. Achten Sie besonders am Ende des Befüllungsvorgangs darauf, daß keine Luft eingesaugt wird. Das Ansaugen von Luft erkennt man an den **Luftblasen** im durchsichtigen Einfüllschlauch. Verhindern Sie dies durch rechtzeitiges Schließen des Einfüllventils. Nach dem Abschluß der Arbeit sollte noch einmal die Luftfreiheit der Anlage überprüft werden. Dann können alle Schlauchleitungen entfernt werden. Die Anlage ist nun winterfest und betriebsbereit.

Arbeitsanleitung: Solaranlage befüllen

Im allgemeinen sind Solaranlagen ähnlich wie Zentralheizungsanlagen recht betriebssicher.

In der Anfangsphase des Betriebs lohnt es sich aber hin und wieder routinemäßig die Luftfreiheit an den Entlüftungsventilen zu überprüfen. Ein deutlicher Hinweis auf Lufteinschluß im Leitungssystem der Solaranlage ist immer dann gegeben, wenn die elektronische Temperaturanzeige am Kollektorfühler auch noch nach längerer Einschaltzeit der Umwälzpumpe weit höhere Temperaturen anzeigt als die analogen Thermometer in den Vor- und Rücklaufleitungen.

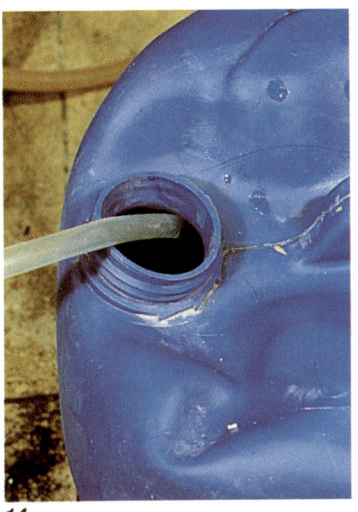
14

16

13

15

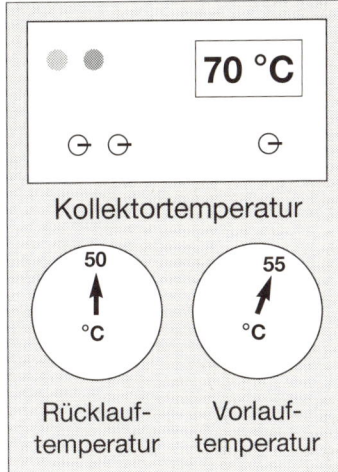
17

Arbeitsanleitung: Solare Gartenbeleuchtung

Eine Gartenbeleuchtung mit Solarstrom

Material

Solarmodul, Laderegler, Solarakku, Lampenset und Montagematerial.

Werkzeug

Schwierigkeitsgrad 0 1 2 3

Kraftaufwand 0 1 2 3

Arbeitszeit

Für die Solarversorgung ca. 3 Stunden, für die Beleuchtung 1 Stunde.

Ersparnis

Rund 300 Mark für Montagearbeiten an der Solarversorgung.

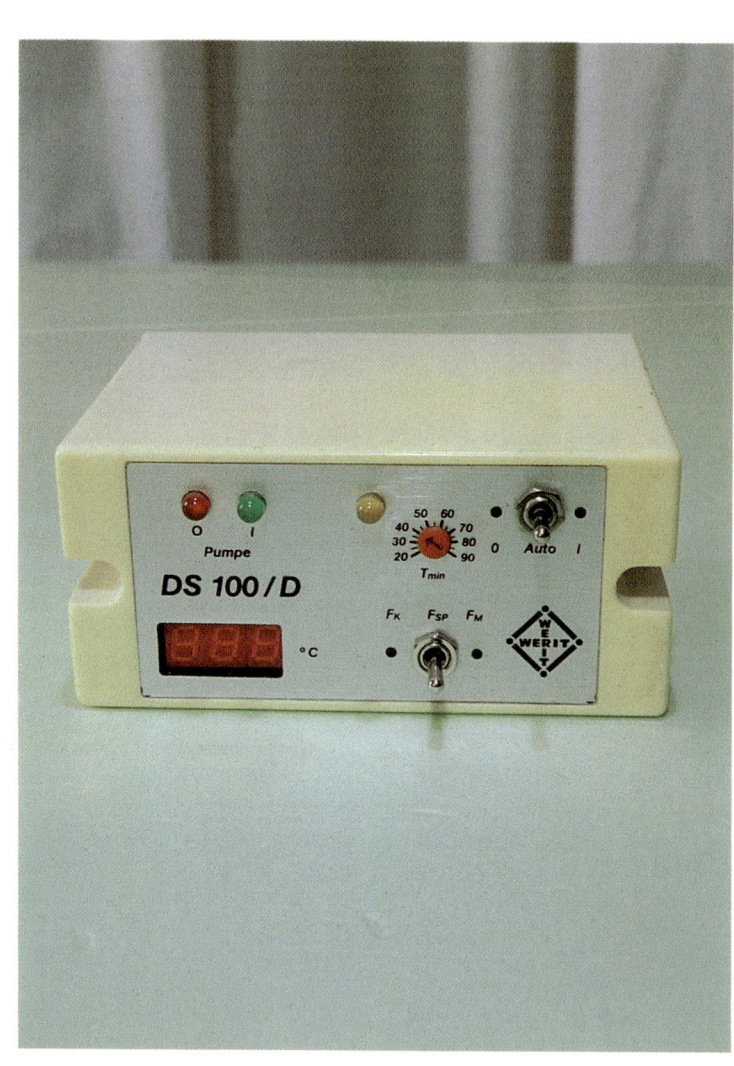

Arbeitsanleitung: Solare Gartenbeleuchtung

Die Nutzung von Solarstromanlagen eignet sich bekannterweise besonders für den sogenannten **Inselbetrieb**. Das bedeutet, daß keine Erschließung durch Elektroversorgungsunternehmen vorhanden ist, wie es beispielsweise oftmals bei Berghütten, Schrebergartenanlagen oder weitabliegenden Wochenendhäuschen der Fall ist. Die folgende Anleitung zur Erstellung einer Gartenbeleuchtung zeigt, welche Arbeitsschritte notwendig sind, eine komplette Solarstromanlage zu erstellen. Sie gilt in gleicher Weise auch für die Versorgung anderer Verbraucher und kann durch weitere Solarmodule ausgebaut werden.

1 Das Kernstück der Anlage, das die benötigte elektrische Energie produziert, ist ein leistungsfähiges **20-Watt-Solarmodul** in modernster Dünnschichtbauweise, das auch noch bei diffusem Sonnenlicht einen hohen Wirkungsgrad aufweist. Es ist dauerhaft wetterfest und für die beständige Außenmontage geeignet.

2 Es hat einen umlaufenden Kunststoffrahmen mit vier Montagelöchern, die eine einfache Befestigung mit Schrauben ermöglichen.

3 Bei der Auswahl des **Montageortes** sollte beachtet werden, daß für einen ganzjährigen Solarbetrieb das Ideal dann erreicht ist, wenn die Mittagssonne im Winter im rechten Winkel auf die Solarzellen auftrifft. Für Deutschland bedeutet dies ein Neigung von etwa 50° in Richtung Süden. Allerdings zeigen leichte Abweichungen von der Himmelsrichtung oder dem idealen Einfallswinkel nur geringe Leistungsminderungen, so daß einer harmonischen Einfügung in die Dachfläche unbedingt der Vorzug zu geben ist. Ist darüber hinaus die Nutzung vorwiegend für das Sommerhalbjahr vorgesehen (Gartenhäuschen etc.), so kann auch eine deutlichere Abweichung vom idealen Neigungswinkel akzeptiert werden. Grundsätzlich ist aber immer zu beachten, daß Teilabschattungen durch Bäume etc. und bei mehreren Modulen die getrennte Ausrichtung in verschiedene Himmelsrichtungen zu vermeiden ist. In unserem Fall erfolgte die Montage des Solarmoduls im Idealwinkel mit Hilfe einer Holzhalterung, die mit Dübeln in der Hauswand der Garage verankert wurden.

4 An der **Rückseite** des Moduls befindet sich das zweiadrige An-

1

2

3

Arbeitsanleitung: Solare Gartenbeleuchtung

4

7

5

8

6

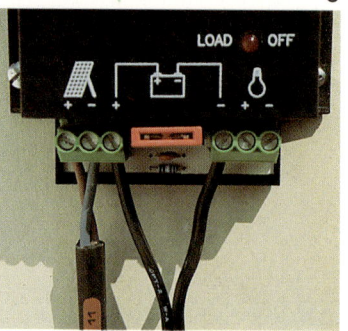

9

schlußkabel, das für alle Verlegebereiche geeignet ist. Die Kabelführung kann also zur Verteilerdose oder direkt zum Laderegler auch über den Außenbereich erfolgen. Achten Sie während der Montage besonders darauf, daß Kurzschlüsse durch gegenseitiges Berühren der beiden Anschlußenden unterbleiben. Als Schutz kann bei bereits abisolierten Litzenenden eine Lüsterklemme oder ein Isolierband dienen.

5 Die Befestigung der Modulzuleitung erfolgt in unserem Beispiel über Schraubschellen. Die Länge des werkseitig angebrachten Modulkabels reicht aus, um direkt zum Solarladeregler zu führen. Die **Plazierung** von Modul, Laderegler und Solarakku wurde bewußt so gewählt, daß unnötige Kabellängen vermieden wurden, um den Transportverlust der gewonnenen Elektroenergie ohne zusätzlichen Materialaufwand in Form kostenintensiver Leitungskabel gering zu halten.

6 Nach dem Anschluß der Stromzuleitungen an den entsprechenden Klemmen des Lagereglers ist die Montagearbeit für das Solarmodul abgeschlossen.

Arbeitsanleitung: Solare Gartenbeleuchtung

7 Für die **Verbindung** zwischen dem Laderegler und dem Solarakku werden Batteriepolklemmen verwendet, an die das Verbindungskabel mit Hilfe von lötfreien Kabelschuhen angeschraubt werden kann.

8 Die Kabelschuhe werden mit einer Spezialzange, wie sie im Kraftfahrzeugbereich eingesetzt wird, an den Litzenenden befestigt.

9 Dann kann das Verklemmen an der gekennzeichneten Stelle am **Laderegler** erfolgen, wobei darauf zu achten ist, daß die Ader mit der Pluspolkennzeichnung auf der Batterieklemme auch mit dem Pluspol des Ladereglers verbunden wird, um später gefährliche Verpolungen beim Anschluß des Solarakkus zu vermeiden.

10 Nach dem Aufsetzen und Festklemmen der Batterieklemmen am Solarakku ist die Anlage praktisch in Betrieb. Sie fungiert nun als **Batterieladestation**, die den notwendigen Strom durch die Sonneneinstrahlung erhält und die Ladetätigkeit durch den Laderegler kontrolliert. Diese Funktion wird in unserem Ladereglermodell durch das Aufleuchten einer grünen Kon-

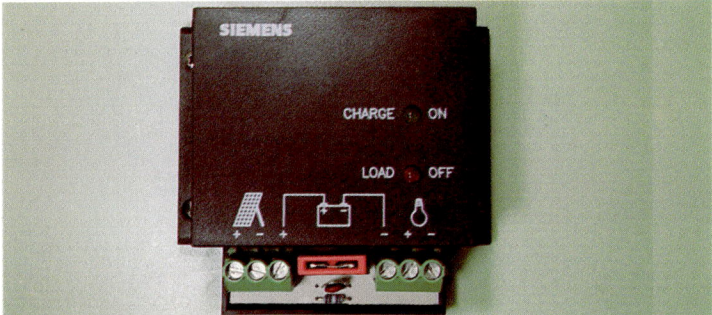

10

11

Arbeitsanleitung: Solare Gartenbeleuchtung

12

13

14

15

trollampe mit der Bezeichnung »charge on« bestätigt, die aufzeigt, daß der Akku geladen wird.

11 Vor dem Anschluß der **Gartenbeleuchtungsanlage** muß diese aufgestellt und verkabelt werden. Sie besteht aus insgesamt vier Leuchten, deren Lampen jeweils eine Leistungsaufnahme von 8 Watt besitzen und mit einer Spannung von 12 V betrieben werden. Mit Hilfe eines Verlängerungsstabes können die Lampen auch höher montiert werden.

12 Das Verklemmen ist denkbar einfach und erfolgt ohne aufwendiges Ablängen des Kabels durch sogenannte Schneid-Klemm-Kontakte, die sich im **Pflockaufnahmeschacht** des Lampenkörpers befinden.

13 Wichtig ist, daß das Kabel flach über den Kopfteil des Pflocks geführt wird.

14 Zur Kabelführung besitzt der Lampenpflock an beiden Seiten je einen **Kabelschacht**, den Kabeleingang und den Kabelausgang.

15 Wird er in die Lampe eingesteckt, so dringen die metallischen Dornspitzen in das Kabel ein und der elektrische Kontakt wird hergestellt.

16 Nach dem Verklemmen der Lampe kann diese kinderleicht montiert werden, indem man sie einfach mit dem Pflock in den Gartenboden steckt. Beachten Sie bei der **Wahl des Lampenabstandes** die Gesamtlänge des mitgelieferten Verbindungskabels. Das eine Ende kann im Kabelausgang der letzten Lampe enden, das andere Ende sollte nach dem Verlassen der ersten Lampe noch lange genug sein, um einen Schalteranschluß zu ermöglichen. Besonders geeignet für den sparsamen Einsatz der Gartenbeleuchtung ist ein solargeeigneter, infrarotgesteuerter Bewegungsschalter, der im Gebrauchsfall auch auf Dauerbetrieb eingestellt werden kann.

Arbeitsanleitung: Solare Gartenbeleuchtung

Bildquellen-Nachweis

Abbildungsverzeichnis

Die nachfolgend in alphabetischer Reihenfolge genannten Firmen und Privatpersonen haben Bildmaterial, graphische Vorlagen und Informationsmaterial zur Verfügung gestellt.
Da sie damit zur Gestaltung dieses Buches beigetragen haben, möchten wir Ihnen für die freundliche Unterstützung danken.

Dieter H. Kasimir
Einsteinstraße 42
81675 München
S. 9 (1), S. 11 (3), S. 15 (2)

Meuvo ÖkoTechnik
Angerbrunnenstraße 10
85356 Freising
S. 2 (1-2), S. 3 (3), S. 18 (1), S. 24 (1), S. 27 (7), S. 71, S. 75 (1-2), S. 76 (3), S. 77 (5-6), S. 84

Friedhelm Schrodt Verlag
Postfach 15 18 02
80050 München
S. 7, S. 8, S. 10 (2), S. 19 (8), S. 20 (12), S. 21 (1-3), S. 22 (4), S. 76 (4), S. 89 (17)

Wolfgang und Gudrun Stricker
Balanstraße 168a
81549 München
S. 14 (1), S. 35 (1), S. 37

Alle übrigen Abbildungen stammen vom Autor dieses Buches.

Klaus Fisch
Am Kirchsteig 3
86928 Hofstetten